ANTONIO CARLUCCIO'S
PASTA

ANTONIO CARLUCCIO'S

PASTA

作者：安東尼奧・卡路奇歐
（Antonio Carluccio）

攝影：蘿拉・艾德華斯
（Laura Edwards）

序

　　七十幾年的美好歲月裡，我始終熱愛並不停製作、烹飪、大啖義大利麵！我認為自己與義大利麵命運的相會應該早在七十年前就已開始，因為我在一九三七年出生後不久，便開始食用義大利麵。每一位義大利嬰兒出生四個月後，首度吃下的固體食物，無可避免地就是義大利麵。對我——以及許多義大利人——來說，這就是一輩子熱愛的起點。

　　除了義大利麵之外，再也沒有其他食物更能代表義大利、更有滿足感了。義大利麵在世上隨時隨地都能製作，無論何種場合都適合，可以當前菜、主菜、甜點，甚至是一餐只吃義大利麵就好。可以現做現吃——只要混合小麥粉和水，頂多再加一點蛋即可——然而最不可思議的是，市售的乾燥義大利麵和現做義大利麵的原料相同，很方便就能在店裡買到。義大利麵煮的時間很短——無論麵條長短、直條或螺旋狀都一樣——各式各樣的形狀還可搭配許多不同的醬汁。

　　義大利麵還很健康，不過並非一直以來都有這般好名聲。一九六〇至一九八〇年代，許多義大利人腰圍增加，於是大家把問題全怪罪給義大利麵，導致很多人痛苦地捨棄這項主食。直到某位美國營養師宣布了開心的消息，義大利麵是地中海飲食裡非常重要的料理之一，又非常營養，只要適量食用即可。確實，各式各樣的義大利麵是人體獲取能量的食材之一，雖然幾乎都是碳水化合物，但是容易消化，而且消化時間長，對運動員來說能夠緩慢釋放能量。我相信許多馬拉松跑者和英式橄欖球員在重要比賽前，會吃一大盤義大利麵，只要再加一點油脂、肉類、魚類或乳酪，就是蛋白質豐富的一餐，而醬汁裡的番茄和其他蔬菜，則可提供身體所需的胺基酸、鈣質和其他珍貴維他命。

　　隨著義大利麵愈來愈受歡迎，大家開始認為每一餐只需要義大利麵就足夠，以往義大利人每餐都要有三至四道菜的形式，如今被認為份量太多了。我想我無須說明這樣的變化對一般義大利人的體重和健康多麼有益……但不得不承認，即使到了我這個年紀，我還是喜歡在特定某一餐的開胃菜和肉、魚主餐間，吃一點義大利麵。

　　我寫了十八本義大利菜食譜，每一本都有提到義大利麵，其中一本更是專門介紹義大利麵。現在要再寫這本書，主題似乎重複，然而義大利麵的烹調有太多可能性，我認為（出版社也鼓勵我這樣做）還是能寫出有實用價值的書。畢竟義大利有六百種以上不同的義大利麵，醬汁種類說不定更多，永遠都能探索新的領域！理所當然的，有太多經典的義大利麵菜色無法忽略，所以本書依舊有收錄，但稍微有些小變化，至於其他菜色全是我重新設計，或者由義大利各區道地的美食料理稍作變化。

　　我想呈現給各位最重要的，是品嚐的體驗，以及我對義大利麵的愛與熱情，幫助各位輕鬆重現書裡的菜色。如果書裡建議的食材你少放了一些，我並不會難過，但要是你在波隆那肉醬裡放了大蒜和奧勒岡葉，我可是會有點「痛心」，因為這樣的搭配對我來說還是太前衛了……

　　希望本書我所精鍊過的義大利麵知識——過去五十年來，我熱切學習到的做法和祕密訣竅，能幫助你也用各種方法煮出世上最受歡迎、最美味的佳餚。祝你好運，好好享用美食！

——第一部——

義大利麵
入門

義大利麵的歷史

現今稱為義大利麵的料理，是許多民族的食物綜合演變而來。義大利麵的概念並非義大利專屬，也不是中國、伊特魯里亞人（Etruscan）、古希臘人或古羅馬人獨家發明。許多人認為義大利麵最初的靈感來自阿拉伯人，但此論點並沒有經過證實。說實話，討論這個話題是自找苦吃，義大利麵的起源就像一碗煮好的麵條，彼此混亂糾纏。

「義大利麵」（pasta）指的是以穀粉加水做成的未發酵麵團，再加工製成的食物。中國和日本的麵條，則用了許多種液體和各式各樣研磨的穀物、種籽，甚至是根莖類蔬果混合在一起，已有幾千年的發展史，但它們可稱作義大利麵嗎？同樣道理，俄羅斯人和斯拉夫人用未發酵麵團做的餃子（更別提中國人也有餃子）算得上是義大利麵嗎？粉類加水的概念也許不是源自義大利，但是「義大利麵」一詞——或近代文獻常稱的「通心粉」（maccaruni）——卻專指以滾水煮熟、淋上醬汁，是一種獨一無二的義大利食物。

即使中國是第一個製作麵條的文明社會，但威尼斯人馬可波羅（Marco Polo）於十三世紀末把麵條帶回義大利的歷史，事實上是一種謠傳。首先，他在中國見到的麵條，是用西米、麵包果或是黍糊做的——並非現在公認義大利麵的原料小麥——而且從他的著作裡可以發現，當時他已經知道義大利出現了小麥做的麵食，例如細麵（vermicelli）和千層麵（lasagne），大部份都是屬於通心粉的一種。

伊特魯里亞人——義大利半島上的古老民族，羅馬文明的前身——一般認為他們是最先製作義大利麵的族群。位於切爾韋泰里（Cerveteri）的陵墓遺跡浮雕上，有類似製麵板、桿麵棍和切麵器的圖像。然而這並無法證明什麼，此時期相關文獻也記載，麵團並非用水煮，而是用烤的居多。古希臘和古羅馬的情況也相同，例如阿里斯托芬（Aristophanes）在西元前五世紀創作的喜劇《利西翠姐》（Lysistrata）裡，便提到「laganon」這個字，與羅馬人使用的「laganum」或「lagane」相似，這兩個文明似乎都是把麵團當成麵包烤。千層麵（lasagne）與這三個字類似，據說此單字的起源就是如此。然而古文獻中，麵包、餅乾、酥皮點心或義大利麵，並沒有明確分別，許多簡單的扁麵包和餅乾——包括著名的硬麵包——都是穀粉加水所製。

西元前一世紀，羅馬詩人賀拉斯（Horace）在他的佈道詞裡寫著，回家要吃一碗有韭菜、鷹嘴豆和寬麵條的食物。這表示當時蔬菜和類似義大利麵的食材一起搭配烹調，而今日在義大利的普利亞大區（Puglia），依舊有用鷹嘴豆和義大利麵煮的湯品（參見第 63 頁）。這道湯品大多用寬扁麵（tagliatelle）放入湯裡煮，但有時會先把麵條炸至酥脆。

酥脆的麵條吃進嘴裡，口感讓人滿足，我認為就是這種口感創造出「al dente」（彈牙）這個詞——這是我長年研究、享用義大利麵的人生經驗所得到的解釋！起初，義大利麵只有羅馬貴族能食用，過了好幾世紀以後，卻成了窮人的食物，為了模仿他們買不起的肉，所以把義大利麵

煮到彈牙，保持咬勁。

鷹嘴豆湯麵（ciceri e tria）一詞裡的「tria」，是從阿拉伯文的麵條「itriyah」演變而來，有趣的是在摩洛哥有種叫做 trid 的食物（曾是先知穆罕默德最愛的料理），是用未發酵麵團做的層疊派，類似現在的千層麵。我認為這證實了義大利最初的麵食確實受到阿拉伯文化的影響。阿拉伯人在西元十世紀征服了西西里島（Sicily），之後的文獻記載了一種乾燥的義大利麵。十二世紀阿拉伯地理學家伊德里西（Al-Idrisi）曾記錄在西西里島有種常見的粗粒麥粉製麵條。西西里島的氣候適合種植杜蘭小麥（durum）或粗粒麥（semolina wheat），也適合把製好的麵晾乾。

義大利麵逐漸成為許多地區餵飽一家子的主食，不僅便宜又有飽足感，醬汁還能選擇昂貴的肉，或用蔬菜替代。很快地，義大利麵就被義大利社會全體接受，從生產義大利麵的工廠數量，就知道義大利麵多受歡迎。天才如達文西於是發明了某樣東西——集結他十五世紀末留下的圖稿與筆記的《大西洋手稿》（Codex Atlanticus）裡，出現一張千層麵製造機草圖（但無法使用！）。

到了十六世紀末，所有文獻已經把通心粉（maccaruni）和細麵（vermicelli）區分開來。十七世紀初，出現了通心粉機，能把硬麵團從模具推出，做出中空的通心粉。十九世紀初期，堡康利（Buitoni）家族開了義大利（也是全世界）第一間大量生產義大利麵的工廠，不過許多製麵步驟仍很原始，例如由工人直接用腳踩麵團！

義大利麵長久以來如此受歡迎，其中最重要的原因就是能保存很久。新鮮的義大利麵乾燥後，可以放在櫥櫃裡很長一段時間，於是它很快就散布到義大利全區、地中海其他區域，甚至整個歐洲都開始流行。也因為義大利麵可以久放，非常適合長時間航行時食用，對於發現新大陸，乾燥義大利麵也許扮演推波助瀾的角色。

義大利麵在美國也成了最受歡迎的食物。美國第三任總統湯瑪斯·傑佛遜（Thomas Jefferson）並不是把義大利麵帶入美國的人——這和馬可波羅的故事一樣是誤傳——不過他對義大利麵非常感興趣，一七八九年還請人買了通心粉機與兩箱義大利麵一起寄給他。美國很快便開始大量生產義大利麵，許多新奇食譜陸續出現，肉丸義大利麵便是義大利本土沒有的菜色。美國還發明了恐怖的罐頭義大利麵，許多英國人大概也是藉由這種惡名昭彰的罐頭——番茄肉醬義大利麵——來認識這種食物。時至今日，我依舊覺得美國人煮義大利麵的時間太久，已經失去彈牙的口感（許多美國製麵工廠確實沒有使用粗粒杜蘭小麥，所以麵條打從一開始就比較軟）。起士通心粉（macaroni cheese）可能起源於英國，但卻在美國發揚光大，二〇〇一年九一一恐怖攻擊事件後，最多美國人煮的食物就是起士通心粉，堪稱終極療癒食物。

什麼是義大利麵？

先前提過，義大利麵基本上是穀粉加水的混合物，主要有新鮮和乾燥兩種。所有義大利麵當然一開始都是新鮮的，大多也會直接現做現煮，但是好幾個世紀前，阿拉伯人帶進西西里島的，卻是完成後立刻乾燥的麵，從此，乾燥義大利麵變成主流（同時也是商機無限的生意）。許多人認為新鮮現做的義大利麵比乾燥麵好，事實上沒有什麼好比較的，現做麵並沒有比較好，兩者只是口感不同而已。現做麵吃進嘴裡較軟，而乾燥麵要是烹煮得宜，就會有義大利麵特有的典型彈牙嚼勁。

義大利用來製麵的穀類主要是小麥，不過也有蕎麥義大利麵這種商品。乾燥義大利麵會使用特定的小麥，一般俗稱為硬粒小麥（hard wheat）、粗粒小麥（semolina）或杜蘭小麥（durum wheat），它們在義大利的氣候下生長得最好。今日用來製作義大利麵的小麥——大多來自世界其他地方，因義大利的生產量連供應本土需求都不夠——稱為二粒小麥（emmer），義大利農人現在把這種古代流傳下來的穀物，當作 IGP（Indicazione Geografica Protetta，地理保護標誌）產品種植，是歐盟認證的在地食材。對二粒小麥的需求增加後，衍生出另一種斯佩爾特小麥（spelt），可以取代二粒小麥。斯佩爾特小麥、

二粒小麥、丹粒小麥（einkorn）和乾燥義大利麵一樣，都能在優良食品行購得。

根據義大利法令，乾燥義大利麵（pasta secca）只可以有杜蘭小麥和水兩種成份。杜蘭小麥很特殊，蛋白質和麩質含量高、水份少，因此和做麵包的麵粉大不相同，據信是最接近古希臘、古羅馬人當時使用的穀物。杜蘭小麥裡的麩質可避免麵乾燥後變形、斷裂，也能在煮好後保持口感和味道。雖然乾燥的過程中，確實會影響麵體的滋味和耐煮度。工廠生產的義大利麵，通常以極高溫快速乾燥，香氣多少會喪失。傳統手工製的麵較好，是花好幾天低溫乾燥而成的。

摩洛哥會用杜蘭小麥製作碎麥（cracked wheat）、布格麥（bulgur）及庫斯庫斯（couscous），這些和薩丁尼亞島的球形麵（fregola）可能是義大利麵的前身。

新鮮義大利麵會使用杜蘭小麥以外的材料——用質軟小麥研磨的義大利零零號麵粉（doppio zero）製作。其麩質適中，適合現做的義大利麵和披薩。有時候義大利麵生產商為了做出不同口感的麵而混合各種麥粉。無論是新鮮或是乾燥的義大利麵，製作時都可以加一些雞蛋。

義大利麵的種類

每一位義大利人一年平均吃三十公斤的義大利麵，八間大公司加上無數手工生產小公司，每年共計生產三百萬噸義大利麵，其中大部份是乾燥的。然而義大利麵種類繁多，原料也各自不同，製作方法更是變化萬千，叫人眼花撩亂。把這些差異分類清楚，或許對大家在料理上更有幫助。

乾燥粗粒杜蘭小麥義大利麵
(Pasta Secca di Semola)

最基本的乾燥義大利麵，只以粗粒杜蘭小麥粉和水混合的麵團製作。新鮮和乾燥義大利麵其中一個重要差別，就是新鮮義大利麵用手製作、分割；乾燥義大利麵則用模具壓型，以便做出不同形狀。機器製作的義大利麵會切割成不同長度，以下更詳細介紹。

1. 極短麵 (pastina or pasta corta minuta)
用來加在高湯或其他湯裡的迷你麵，例如星星麵 (stelline)、手指麵 (ditalini)、小指環麵 (anellini)。

2. 短麵 (pasta corta or pasta tagliata)
這類的義大利麵比加在高湯裡的大一點，因各種不同的形狀為人熟知，例如蝴蝶麵 (farfalle) 和螺旋麵 (fusilli)；還有中空管型的，例如筆尖麵 (penne) 和通心粉 (macaroni)。吃這類的麵食會裹上濃濃醬汁（參見第 66 頁），或是加入烤模餡餅裡烤（參見第 168 頁）。有些短麵可以現做或乾燥保存。

3. 長麵 (pasta lunga)
想當然，這類就是乾燥的長形麵，例如圓直麵 (spaghetti)、天使麵 (capelli d'angelo)、圓的吸管麵 (bucatini)、較扁的細扁麵 (linguine)、寬扁麵 (tagliatelle) 和緞帶麵 (fettuccine)。有些長麵可以現做或乾燥保存。

新鮮粗粒杜蘭小麥義大利麵
(Pasta Fresca di Semola)

和上述的乾燥義大利麵相同，材料只有新鮮的杜蘭小麥粗粒麵粉和水，但做好後立即烹煮，毋須乾燥。主要在義大利南部生產和食用，更確切說是在普利亞大區。比起其他穀粉，使用粗粒杜蘭小麥較難製作，煮的時間也較長。由於麩質較多，所以和其他新鮮義大利麵比起來，口感較硬、有嚼勁，適合搭配這個區域產製的濃郁番茄肉醬 (ragù)。普利亞大區最有名的義大利麵是貓耳朵麵 (orecchiette)（參見第 19 頁），但也有螺旋麵、貝殼麵 (cavatelli) 和手捲麵 (strozzapreti)。薩丁尼亞島也有生產一種新鮮粗粒杜蘭小麥麵，稱為薩丁尼亞麵疙瘩 (malloreddus)。

乾燥義大利蛋麵
(Pasta all'Uovo Secca)

你可能以為蛋麵主要是在家自己做，但是工廠生產的義大利麵也有加蛋。事實上，蛋、粗粒杜蘭小麥和水，只能用機器混合，因為粗粒小麥的麩質會讓麵團變得很硬，無法在家手工混合均

匀。這種麵團通常會切成不同尺寸的帶狀，乾燥後捲成巢狀。這種麵團也會用來大量製作包餡義大利麵，例如義大利小餛飩（tortellini）或義大利餃（ravioli）。我發現許多工廠生產的乾燥義大利蛋麵品質都不錯——義大利刀切麵就是值得居家常備的食物——但我必須說，包餡義大利麵終究是手工做的最好。

新鮮義大利蛋麵
（Pasta Fresca all'Uovo）

這種麵通常都是在家手工製作，而且是唯一一種不使用粗粒杜蘭小麥的麵。材料通常是義大利零零號麵粉，也就是以柔軟的小麥品種製成的中筋麵粉，大多用來做蛋糕或麵包。

零零號麵粉加上蛋，能做成延展性高的麵團，可切成各種形狀，無論長的（方形直麵、寬扁麵、千層麵），或短的（蝴蝶麵、螺旋麵）都適合。這種麵團也能做成最美味的包餡義大利麵，例如義大利餛飩、義大利餃、帽子餃（cappe-llacci）。生產新鮮和乾燥蛋麵最著名的地區，就是艾米利亞－羅馬涅大區（Emilia-Romagna），許多知名的包餡義大利麵也是源自於此。

新鮮義大利麵可以加進色彩，例如加了菠菜的綠色麵團，加了甜菜根的紅色麵團，或是加進可可粉的甜麵團（參見第 31 頁）。

特殊義大利麵
（Pasta Speciale）

這裡所謂的特殊義大利麵，大多是工廠才能生產的乾燥麵，其中包含專為麩質不耐症製作，以及少數用無麩質麵粉做的麵。舉例來說，現今大型超市都能找到玉米粉或米粉這類無麩質材料。目前只有其中幾種義大利麵使用這種粉類，不過相信將來會有更多形狀可以被做出來。

這類麵體和小麥做的義大利麵，煮起來的感覺不同，畢竟小麥裡有澱粉和蛋白質（麩質），但這類的麵只有澱粉。米粉做的麵如果煮過頭會黏黏的，但是因為它沒有味道，所以適合搭配各種醬汁。玉米粉做的麵放涼後會變硬，但滋味很好。簡單來說，無麩質的麵煮的時間要比一般義大利麵短，所以一定要小心留意。（馬鈴薯粉和木薯粉同樣也適合須避開麩質飲食的人，不過據我所知，目前還沒有工廠使用。）

栗子粉和蕎麥粉沒有麩質，義大利倫巴底大區（Lombardy）的瓦爾泰利納谷地（Valtellina valley）會用蕎麥粉做蕎麥義大利麵。這兩種粉很難購得，通常只有小包裝。蕎麥雖然有個「麥」字，卻和小麥無關，反倒是和酸模（sorrel）、大黃（rhubarb）有關聯！日本人會用來做蕎麥麵，俄式薄餅（Russian blinis）和布列塔尼酥餅（Breton galettes）也是用此原料。

乾燥
義大利麵

鋸齒麵
mafalde

長條帶狀，單邊或
兩邊有鋸齒紋。

圓直麵
spaghetti

新鮮或乾燥的圓體長麵，有
各種粗度，圖中是全麥麵。

寬扁麵
tagliatelle

長條帶狀，一般為五
公釐寬，比緞帶麵細。

小指環麵
anellini

西西里島的細環形
乾燥麵，做湯麵用。

小蝴蝶麵
farfalline

領結或蝴蝶形狀，邊緣
呈脊狀，做湯麵用。

筆尖麵
penne

中等長度，管狀或羽
毛筆狀，兩端斜切。

義式蕎麥麵
pizzoccheri

源自倫巴底大區北
部的蕎麥寬扁麵。

帽子麵
cappelli

粗粒杜蘭小麥粉製
成，遮陽帽形狀。

水管麵
paccheri

管狀義大利麵，有各
種長度和寬度。

新鮮
義大利麵

寬扁麵
tagliatelle

新鮮寬扁麵適合搭配濃郁
肉醬,例如波隆那肉醬。

小寬扁麵
tagliolini

比寬扁麵細,
圓柱體。

帽子餃
cappelletti

裡頭包了肉或蔬菜餡,
傳統會加在湯裡食用。

蝴蝶麵
farfalle

中央捏扁的領結或蝴蝶形
狀,適合奶油或番茄醬汁。

薩丁尼亞餃子
culurgiones

薩丁尼亞式編織狀
餃子,有多種內餡。

義大利餃
ravioli

最廣為流行的包餡義大利麵，依各地區有不同內餡。

貓耳朵麵
orecchiette

以無蛋麵團製成，耳朵狀，適合搭配蔬菜醬汁。

螺旋麵
fusilli

粗長螺旋狀，能夠沾裹濃厚的醬汁。

亂切麵
maltagliati

如同字面意思，是用刀子隨意切麵團而成。

義大利麵與醬汁

義大利麵料理的中心思想，就是用正確的麵搭配正確的醬汁。有些醬汁適合新鮮義大利麵，有些則適合乾燥麵；有些醬汁適合長麵，有些適合短麵。

大致上，麵體愈光滑，醬汁就要愈薄；形狀愈是複雜，或是表面愈粗糙的，醬汁就要濃稠一點。（事實上，為了尋求裹上美味醬汁的最佳方式，大家一直不停發明新的麵體形狀。）

義大利各個地區都有獨特的麵體形狀、醬汁，以及組合這兩種食材的各種方式，當中並沒有絕對公式。然而你愈是深入探索義大利麵神奇的世界，或經常在餐廳或在家裡品嚐新菜色，甚至從食譜上學習，你就愈能駕輕就熟搭配出屬於自己的麵體和醬汁組合。

如果你在家自己做麵，可以選擇最簡單的醬汁——例如用奶油和檸檬汁，或是基本的番茄醬汁搭配天使麵。小寬扁麵則適合松露和其他用蟹肉、龍蝦調配出微妙香味的精緻醬汁。手做的包餡義大利麵，只須搭配浸漬了鼠尾草的融化奶油就是人間美味。

乾燥圓直麵及其他圓柱型乾燥長麵，可以搭配的醬汁最多，但是請不要用圓直麵搭配波隆那肉醬。最適合搭配波隆那肉醬的，是加了蛋的新鮮寬扁麵，或是加不加蛋都行的乾燥寬扁麵。扁平帶狀的寬扁麵，比光滑圓芯的圓直麵擁有更多面積，更能為感官敏銳的義大利人帶來不同體驗。圓直麵和波隆那肉醬的組合，似乎是英國人發明的，不過我強烈建議你改掉這種吃法！

乾燥的短麵，例如通心粉和筆尖麵，適合辣茄醬（arrabbiata）或是煮到汁液收乾的乾番茄肉醬。遇到表面粗糙的麵體，這類醬汁可以牢牢裹在上頭。現今工廠用來做麵的機器，都是用金屬和鐵氟龍做的，生產出的麵體表面光滑；像普利亞大區的傳統做法，模具則是用青銅打造，做出來的麵體表面會較粗糙，能沾裹更多醬汁。像貓耳朵麵這樣有弧度的麵體，則能讓濃稠的醬汁聚積在凹陷處。

肉醬

義大利文的肉醬（ragù）起源於法文的「ragoût」，意指調味適中的燉肉、燉魚與蔬菜（至於法文的起源則是「ragouster」，意思是味道的甦醒）。這種醬料和義大利大多數菜餚一樣，要先從準備「料頭」（battuto），也就是醬料基底開始。首先要把基底蔬菜和豬油用攪打或是切碎的方式，混合在一起，不過現在豬油也可用橄欖油或奶油代替。蔬菜基底可以選擇洋蔥或大蒜（有時兩者兼用）、切成小塊的紅蘿蔔、芹菜、香草和香料。「料頭」可以用簡單幾樣材料，也可加入番茄增添顏色和味道。接著，把蔬菜炒軟，變成所謂的「混炒蔬菜」（soffritto），然後才加入切塊或整塊的肉類，肉類可選擇牛肉、豬肉、小牛肉、羔羊肉或野禽（甚至是魚肉），也可互相混合。

波隆那肉醬（Ragù Alla Bolognese）

這是最知名的肉醬，因起源於艾米利亞－羅馬涅大區的首府波隆那而得名，當地人只以寬扁麵配這種肉醬。至於肉醬圓直麵（Spaghetti bolognese）則是外國人，特別是英國人，為了模仿這道在地菜餚而產生的失敗發明。這慘不忍睹的醬料只使用牛肉，所以吃起來太肥太油，接著又用蒜頭加上奧勒岡葉、羅勒、巴西里、迷迭香和鼠尾草等大量香草，讓所有香味亂成一團。最羞辱當地傳統的，就是使用乾燥綜合義大利香料，實在是糟透了。所謂的波隆那肉醬，只有牛肉加豬肉、牛肉加小牛肉、或者小牛肉加豬肉所組成的單純滋味，其他食材只能再加入洋蔥、紅酒、番茄泥和番茄糊。

普利亞肉醬（Ragù Alla Pugliese）

　　普利亞大區有種和波隆那很類似的肉醬，但只用羔羊肉，頂多再加一點豬肉香腸。然而此區人們喜歡搭配貓耳朵麵、拖捲麵（strascinati）、小千層麵（lasagnette）、細扁麵、吸管麵，甚至是義式麵疙瘩（gnocchi）或新鮮的寬扁麵。所有麵的原料都只有粗粒杜蘭小麥和水，沒有加蛋。最後加入的起司可以選擇帕瑪森起司（Parmesan）、帕伏洛起司（provolone）、奶酪起司（caciocavallo），或陳年的佩克里諾起司（pecorino）。

那不勒斯肉醬（Ragù Alla Napoletano）

　　那不勒斯肉醬非常特別，大多只在星期天食用。此肉醬不會使用絞肉，而是大塊的牛肉，特別是帶骨臀肉，此外還會搭配大塊豬肉，煮好後會切塊與麵一起吃。此肉醬搭配的是通心粉、圓直麵、螺旋麵、水管麵、大吸管麵（ziti）、蠟燭麵（candele）、筆尖麵、波紋水管麵（rigatoni）等等。用來煮肉醬的牛肉，會被當成吃完麵之後的主菜，通常不會是整塊牛肉，而是切成薄片，包著豬油、巴西里、大蒜和磨碎的帕瑪森起司捲成肉捲，類似橄欖牛肉捲（beef olives），並用牙籤固定形狀。此肉捲也可以當做一餐裡唯一的菜色，只要加上義大利麵和醬汁，再撒上帕瑪森起司或佩克里諾起司即可。許多飲食歷史學家相信，美國的肉丸義大利麵，靈感就來自此經典的義大利菜色。

番茄與番茄醬

　　義大利麵似乎總讓人和番茄醬汁聯想在一起，如果告訴你義大利人在十六世紀前都不認識番茄，肯定會讓你嚇一跳吧？番茄和馬鈴薯、甜椒、辣椒、酪梨及火雞一樣，是西班牙探險家從新世界帶回的食材。最初的義大利番茄顏色比現在的紅色淺，所以有「金蘋果」稱號。

　　雖在好幾世紀前義大利就引進了番茄，但一直不普遍，直到十九世紀末才被人用來做義大利麵醬汁，據說是博恩維奇諾公爵（Duke of Buonvicino）在一八三九年創造出番茄醬汁義大利麵。然而又過了幾十年，義大利的食譜書裡才會滿是番茄醬、番茄泥、番茄糊和番茄湯。一九〇〇年左右，那不勒斯的某家商行把生長在溫暖南方的高品質番茄做成罐頭，成為義大利主要的出口商品。據說番茄醬這樣的液態醬汁出現後，大家才開始用叉子吃麵（此前都是用手）。如果說義大利麵對探索新世界有所貢獻，那麼來自新世界的番茄，則讓歐洲餐桌禮儀進步了！

　　罐頭番茄進一步讓義大利以外的地方也能製作番茄菜餚，畢竟美味的番茄需要在飽滿的陽光下成長。番茄加工公司更發明了不同包裝好方便大眾料理。

去皮小番茄

　　羅馬或聖馬爾札諾（San Marzano）所種植的小番茄，都是用於製作罐頭，因為其水份含量較低。整顆去皮的番茄在義大利叫做「pelati」，通常會整顆或切塊浸入番茄汁裡，罐頭的或玻璃罐

裝都有。整顆的番茄因籽和汁液較多，所以比切開的或燉爛的番茄煮的時間要久，適合需要久燉的醬汁。

燉爛的番茄

罐裝或玻璃裝的燉番茄通常已把籽和過多的液體濾掉，所以用來煮義大利麵醬，不須花太久時間。其中寫著「Polpa di pomodoro」的番茄泥顆粒最大，而「passata di pomodoro」（通常是瓶裝）則已煮成液狀且濾過，質地最細，需要煮久一點讓水份蒸發、變稠。

濃縮番茄

番茄糊和番茄泥都是濃縮番茄的一種。番茄泥可以在家製作，只要煮到水份蒸發就行。番茄糊加了鹽脫水，去除多餘水份，強化番茄風味，質地也較稠。這兩種都有罐裝或是管裝商品，大部份品牌的番茄糊都是雙倍濃縮，但是在義大利可以買到三倍甚至更高的濃縮番茄——西西里島有一種叫做「strattu」的六倍濃縮番茄糊，我喜歡抹在土司上，再淋點橄欖油吃。使用番茄糊烹飪前應該稀釋。如果你買得到日曬番茄做的泥和糊，再好不過了。

其他醬汁

義大利麵醬汁除了肉醬和番茄醬之外，當然還有其他種類。許多醬汁使用的是義大利知名的肉類加工品，例如煙燻火腿（Speck）、巴馬火腿（Parma ham）、豬頰肉培根（guanciale）、薩拉米香腸（salami）和義大利培根（pancetta），這些食材都有足夠的鹹味。許多醬汁的用料相當少，我最愛的幾種義大利麵菜色，就只用烤肉剩下的肉汁調味。別忘了在肉、番茄、蔬菜和海鮮醬汁裡，加入不同調味料，例如鹽、胡椒、油、醋或紅酒，有時也可以加鮮奶油（不過我自己不太喜歡，因為鮮奶油會讓所有醬汁嚐起來都差不多），以及香草和香料。只要記得別下手太重，義大利人不會放太多調味料。

蔬菜醬汁

大多數義大利麵醬汁都是以各種蔬菜為基底，混炒蔬菜（soffritto）通常包括洋蔥和（或）大蒜，以及芹菜和紅蘿蔔，全部切小塊用油炒過。許多醬汁以番茄為基底，但還會再加上別的材料，例如蔬菜或海鮮。義大利的蔬菜醬汁依季節變化，簡單又美味。豌豆盛產時，會用於義大利麵醬汁，或加在湯和燉飯（risottos）裡。題外話，你也可以使用冷凍豌豆，它們和新鮮的一樣美味。所有蔬菜都可以做成義大利麵醬汁，無論是綠色蔬菜、根莖類（連馬鈴薯都行）、豆類到真菌類都可以。依據不同蔬菜，醬汁會產生不同的風味、口感，還能增加濃稠度。我最喜歡的一種食材是乾香菇，泡香菇的水也千萬不要浪費，加入醬汁中能增添香氣。

海鮮醬汁

魚、甲殼類和章魚之類的頭足綱動物都能用來煮義大利麵醬汁。紅鯔魚（red mullet）、鮭魚、鮟鱇魚和沙丁魚之類的魚肉，可以為義大利麵增加鮮味。平易近人的甲殼類，例如淡菜、蛤蜊、明蝦和龍蝦，也很適合。我在義大利時，喜歡用帽貝（limpet）、海松露（sea truffles）和海膽。花枝、章魚和墨魚也能煮出非常好吃的醬汁，墨魚汁也不例外。最好用的魚大概是鰻魚，無論是鹽漬還是油漬的鰻魚，都能完美融入醬汁裡，帶來無與倫比的風味。

義大利麵與義大利廚房

義大利人的廚房裡，一切從簡。他們的儲藏櫃只會存放最基本的、品質良好的乾糧食材，至於新鮮的食材則每天採購。廚房裡只有少數幾樣複雜的機器或工具，和其他基本的輔助用具。義大利菜煮起來並不難，所以不需要複雜的準備過程。為了讓你享受製作與烹調義大利麵的樂趣，以下我有幾個基本建議。

食物儲藏櫃

義大利菜都是用新鮮食材烹煮，所以你不需要存放太多乾糧。不過，我還滿喜歡手邊隨時有東西可以即興為朋友煮餐點——本書的主題，義大利麵，就是相當方便的食材——所以我必須承認，我的食物儲藏櫃放了許多不同東西。

義大利麵

老實說，我存放了太多義大利麵——通常是為了嘗試搭配新醬汁——所以我建議你的櫃子應該隨時要有四種義大利麵。加在湯裡的乾燥小義大利麵相當方便，例如星星麵、短管麵（tubettini）、米形麵（orzo）。我的櫃子裡也隨時會有一包圓直麵——我的最愛——不過細扁麵也不錯。此外乾燥的大型麵也很方便，例如大筆尖麵（pennoni）或大貝殼麵（conchiglie），我也會在櫃子裡放一包鳥巢蛋麵（egg tagliatelle nest）。只要櫃子裡放了這些食材，你隨時都可以快速煮出午餐或晚餐。注意保存期限，義大利麵雖然能保存很久，但風味也會隨時間喪失。

麵粉

如果你想自己在家做義大利麵——我也希望這本書能激發你的興致——你需要買義大利零零號麵粉。這種麵粉的質地比一般的細緻，不過買不到的話用一般的也可以。如果你想做道地的普利亞大區義大利麵，就得買粗粒杜蘭小麥粉。好的超市和網路商店，這兩種都會販售。

油和醋

這兩種是做醬汁不可或缺的材料。大部份義大利人的廚房裡至少有三種油，第一種是種籽油，例如葵花籽油，用來炒菜最好。第二種是好的橄欖油，可拿來炒菜，可為菜色增添橄欖的甜味。最後一種是高品質的特級初榨橄欖油，可以做沙拉淋醬；許多湯品或義大利麵煮好後，淋一點可以大大增添風味。我還喜歡用一種奢華的油，那就是松露油，有些特殊的醬汁會用到。至於醋，你需要一瓶好的紅酒醋——奇揚地（Chianti）出產的品質很好——一瓶白酒醋，還有別放太久的巴薩米克醋（balsamic）。

番茄

番茄在前面已經說過（參見第 22-23 頁），但我還是建議隨時在家裡放一罐整顆或切碎的番茄罐頭。另外也可放一罐優質番茄醬和小罐的番茄糊。

鹽和胡椒

這兩種大概是所有菜餚最常使用的調味料，尤其是鹽。鹽是人類第一個用來保存食物的媒介，至今義大利人依舊用來製作醃魚、酸豆，還有許多豬肉加工品。義大利的鹽大多產自特拉帕尼（Trapani）、部份來自西西里島和薩丁尼亞島的鹽田。這些平坦的鹽田會被海水淹滿，接著陽

光會蒸發水份，取得鹽結晶。我自己喜歡粗粒海鹽，可以料理時使用，或是撒在食物上，例如佛卡夏麵包（focaccia）。

　　無論是黑色、白色和綠色的胡椒，都是長在藤蔓上的一種果實，盛產地為印度、越南和印尼。黑胡椒和白胡椒被大量用在義大利料理中，可以加在高湯裡、食物調味（只要少量），或是加在薩拉米香腸和火腿中。購買胡椒最重要的一點，就是現磨現用，如果提早磨好會喪失辣度和香氣。

香草和香料

　　義大利人使用的乾燥香草其實不如外界認為的多，不過我的購物清單和食譜裡，總一再出現新鮮的羅勒、巴西里、鼠尾草、薄荷和迷迭香。再次提醒，我們使用的量其實很少。至於香料，早期的義大利菜會廣泛使用，如今又流行回來了（參見第 131 頁，我設計的咖哩紅鯔魚食譜）。

辣椒則從十六世紀自美洲引進義大利後，流行不墜，直到今日仍常常被使用。辣椒在溫暖的陽光下生長，所以義大利南方的使用率最高，新鮮或乾燥辣椒皆使用。另一個常見的義大利調味品是酸豆（capers），主要產自鄰近西西里島的利帕里島（Lipari）和潘泰萊里亞島（Pantelleria）。酸豆有裝在鹽水或滷水裡兩種，我比較推薦鹽漬的，但兩者使用前都需要把鹽份去除。

大蒜和洋蔥

　　這是義大利料理和醬汁最愛的調味料。絕對要買新鮮、品質好的——你曾看過義大利主婦買大蒜前，會先聞一聞、戳一戳，檢查品質嗎？義大利有很多不同種的洋蔥，例如特羅佩亞（Tropea）產的洋蔥——味道鮮甜、長形、顏色鮮紅——不過淡紅色或白色洋蔥，甚至紅蔥頭都可以拿來用。

牛肝菌

　　我非常熱愛菇類，尤其是牛肝菌或草菇。草菇比較乾，是義大利麵不可或缺的食材，使用前先泡水，加在許多醬汁裡都能增添風味。現在市面上也有盒裝牛肝菌高湯，較高級的食品行和超市都買的到，打開使用後記得冷藏。

鯷魚

　　醃鯷魚是許多義大利菜畫龍點睛的食材。市面上有罐頭油漬魚片，或是玻璃罐裝鹽漬全魚，我比較推薦鹽漬的，不過要自己去骨去鹽，稍嫌麻煩，油漬的不需這些繁瑣步驟，卻同樣美味。

肉類加工食品

　　義大利有許多用鹽醃或風乾保存的肉品，是很方便的食材，也適合拿來做義大利麵醬汁。我常常在冰箱裡放了整條的義大利培根，或是向熟食店買切好的。我會用充滿鹹味的風乾豬油，加上一點點植物油、大蒜和洋蔥，炒成美味的醬汁。住在義奧邊界的提洛爾人（Tyrolean），其煙燻火腿也和風乾豬油風味相似。

起司

　　義大利的起司種類豐富，許多都用於義大利麵醬汁、內餡，或者當作菜餚最後的點綴。軟起司如瑞可達起司（ricotta）、馬斯卡彭起司（mascarpone）、莫札瑞拉起司（mozzarella），並不是會存放在櫃子裡的食材，要用時才買，剩下的要冷藏並盡快用完。硬的義大利起司可以保存較久，我的櫃子裡永遠有帕瑪森起司，另外帕達諾起司（Grana Padano）或佩克里諾起司（有來自薩丁尼亞島和羅馬兩種產地）雖然名列我心中第二名，但同樣美味。有些起司適合當包餡義大利麵的內餡，有些適合磨碎加在煮好的義大利麵上。起司要用鋁箔紙包好，放冰箱保存。

製作義大利麵的工具

　　其實做義大利麵不需要特殊工具，而且你大概已經有許多有用的工具了，我認為有木砧板、木製桿麵棍、用來煮麵的大型不鏽鋼平底鍋（最好有蓋子），還有濾麵的大型濾盆就足夠。理想的狀況下，平底鍋的底部要比上緣略大，這樣才能維持煮麵的溫度，把麵煮成最佳口感。其他實用工具包括磨起司器，撈麵的杓子或夾子。

　　如果你想自己在家做義大利麵，便需要再買一個大砧板。你也可以買手動的製麵機，例如「Imperia」牌子的各種機器，依功能不同價格也不同。滾輪式的切麵刀適合某些形狀的麵，有些專賣店也會賣義大利餃專用滾輪刀。

　　你也可以買一種叫「raviolatrice」的義大利餃工具，形狀為長方形，上頭有許多格子，用法是把一張大長方形的麵皮鋪在上頭，一一壓進格子內，然後在格子裡放入內餡，接著把另一張大長方形的麵皮蓋上，用桿麵棍桿一下，就能切出完美的餃子（參見第 38 頁圖）。把做好的餃子小心挪出，放在撒了麵粉的盤子或檯面上。

製作新鮮義大利麵

　　大多數人認為，自己做義大利麵很難，這點完全不正確！其實你真正需要的工具非常少，只要一把刀、桿麵棍，和方便作業的平台就行。（你也可以買製麵機，做起來會更快！）初學者手做的時間大約三十分鐘，之後勤加練習就能更快速。每人份所需的材料為一百克的義大利零零號麵粉、蛋一顆，如果蛋較小則需要加點水。如果要做普利亞風情的無蛋麵，就需要品質好的粗粒杜蘭小麥粉，還有一些水。剩下需要的，就只有出力和你的熱情。

把材料混合成柔軟的麵團，再用桿麵棍桿成所要的厚度——依不同情況而定（參見第 30 頁）——然後用刀子切形。現做的麵團可以切成各種形狀和長度，例如天使麵、小寬扁麵、寬扁麵、亂切麵、麵片（stracci），還有各種包餡義大利麵，像是帽子餃、義大利餛飩、義大利雲吞（tortelli）、義大利餃、大餃（ravioloni）、義大利麵捲（cannelloni），甚至是千層麵、蝴蝶麵和帕沙特里麵（passatelli）或德國麵疙瘩（spätzle）這類充滿地方特色的麵。無法在家自行製作的只有需要特別塑形的乾燥麵體，例如筆尖麵這類的管狀麵，以及圓直麵這種長條圓體麵。

手工義大利麵有多種變化方式，你可以在新鮮蛋麵裡，加入菠菜、甜菜根、墨魚汁、可可粉和牛肝菌粉，做成自己想要的顏色和風味。你也可以做栗子麵，或是無麩質麵，只需要把部份或全部麵粉換成特定的粉類即可。

做好的麵可能有剩，這時只要把麵先切成自己想要的形狀，在乾淨的茶巾或撒了麵粉的平面上，放至完全乾燥，然後再小心放進密封袋或保鮮盒裡。寬扁麵這類長條麵可以趁麵還柔軟時，捲成鳥巢狀，保護麵條之後不會斷掉。義大利麵可以冷藏保存二至三天，或是冷凍六個月。冷凍前，先用保鮮膜或鋁箔紙把麵包住。使用前於室溫退冰即可（千萬別放進微波爐解凍）。

現做義大利蛋麵

這是基本的義大利麵食譜，大約可餵飽四個人。我剛才說過每人份的麵需要 100 克麵粉和一顆蛋，所以你可能以為下面的食譜只夠三人吃，但只要算一下——300 克麵粉加上三顆蛋（一顆大約 50 克）——總共是 450 克，足夠四個人吃。做麵的方法請看第 30 頁。

你可以在這份材料裡，加入有顏色的食材，但是要注意乾濕料的平衡——也許需要少加一顆蛋，或是多加麵粉，避免麵團太溼黏。

基礎材料：450 克麵團
義大利零零號麵粉 300 克
中等大小雞蛋 3 顆
鹽 1 小撮

{圖1}　　　{圖2}　　　{圖3}

手做

　　把麵粉過篩到工作台上，做出山的形狀，中間再挖出一個洞{圖1}。把蛋打進洞裡，加點鹽{圖2}。如果手邊有增加顏色的食材，這時要加入。用叉子和手把蛋和麵粉混合均勻，逐漸揉成簡略的麵團形狀{圖3與圖4}。如果麵團太軟或太黏，再加一點麵粉；相反的，如果太乾就加點水。途中可用刀子（或刮刀）把散落的麵團剷起來。

　　揉麵前，先清潔雙手和工作台，接著撒上一些麵粉於工作台上，然後用手掌揉麵團。揉大約10至15分鐘，麵團光滑有彈性即可{圖5}。如果手指上黏了麵團，用一點麵粉搓掉。用保鮮膜或鋁箔紙把麵團包起來，靜置至少半小時。

　　開始桿麵前，先在工作台和桿麵棍上撒上麵粉，然後從麵團中央往外壓開，用桿麵棍把麵團慢慢桿扁，持續不停旋轉，讓整張麵皮厚度平均{圖6}。隨時補充一點麵粉，避免沾黏。

　　麵皮的厚度依據你想要的義大利麵形狀而定，從0.5公釐到3公釐都可。基本上形狀愈大，麵皮就愈厚，例如千層麵就得桿厚一點，但是面積差不多的青醬寬麵（mandilli de sea）卻須桿得很薄。而需要包餡的麵皮則要夠薄，這樣在折皺、封口處才不會出現厚厚的麵團。內餡愈是精緻，麵皮就要愈薄。你需要多多練習，運用直覺，並依食譜做變化！義大利麵有時挺棘手的——為了激勵你，我得說你現在懂的知識，比某些義大利人還多呢！

　　如果你要做包餡義大利麵，要趁麵團還有延展性時，儘快把餡料包好，否則餡料的水份可能會滲過麵皮，甚至造成破洞。在包好的餃子上撒點粗粒麥粉，防止沾黏。

　　如果你要做的是扁平形狀或其他形狀的麵，麵條切好後放在乾淨的茶巾上，靜置半小時，再用來烹煮或是密封保存。細長形的麵要先捲成巢狀，之後比較容易拿來烹煮。

{圖4}

{圖5}

{圖6}

使用機器製作

　　把材料放入食物處理機裡，攪成麵團。把麵團拿出，用義大利麵機「揉麵」。先把麵團分成幾小塊（請依據機器使用說明），把一小塊麵團放入滾輪中，壓麵間距調成最寬（約1公分），同一塊麵團持續用機器壓滾，但間距要愈調愈小，這麼一來麵團也會愈滾面積愈大、厚度愈薄、表面也愈光滑。當用最小間距（1至2公釐）壓滾過後，可以製成大約15至18公分寬的麵皮。把長度切成30公分。

　　接著用機器的切麵功能，切成寬扁麵（最寬）或小寬扁麵（最窄）。切好後撒點麵粉，捲成巢狀，放在茶巾上風乾。

彩色義大利麵

綠色義大利麵：在基礎材料裡，加入75克煮熟、擠乾水份、壓成泥的菠菜，同時減少一顆蛋。

紫色義大利麵：在基礎材料裡，加入4大匙甜菜汁，同時減少一顆蛋。

橘色義大利麵：在基礎材料裡，加入4大匙紅蘿蔔汁（現搾或市售都可），同時減少一顆蛋。

紅色義大利麵：在基礎材料裡，加入1又1/2大匙番茄泥。

黑色義大利麵：在基礎材料裡，加入1至2茶匙墨魚汁。

蘑菇義大利麵：把乾燥香菇放在烤盤上，低溫烤至酥脆。冷卻後，放入香料研磨機裡磨成粉，在基礎材料裡加入2大匙。

巧克力義大利麵：在基礎材料裡，加入2大匙高品質的無糖可可粉。

無蛋義大利麵

　　一人份的材料為100克粗粒杜蘭小麥粉和40毫升的水，混合成緊實但有延展性的麵團。仔細揉麵，然後靜置至少20分鐘再使用。

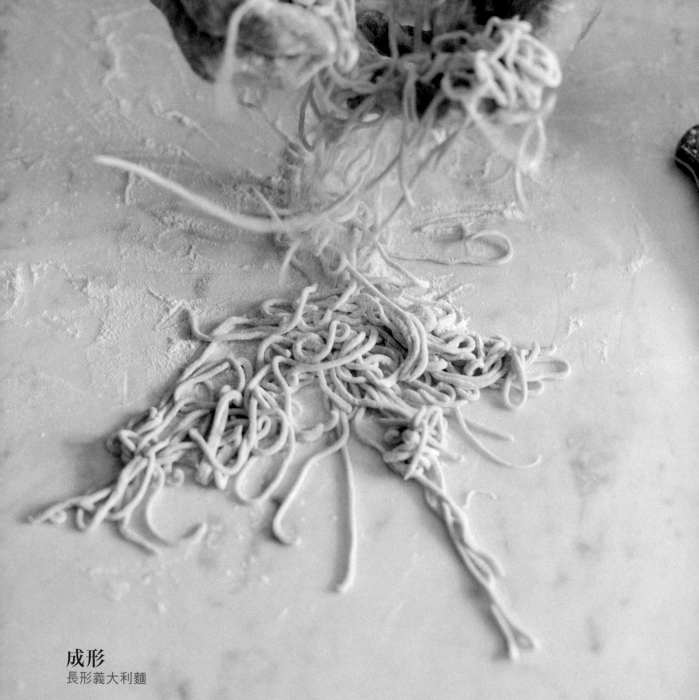

成形
長形義大利麵

長形麵大概是最知名的義大利麵形狀，幾乎每一間商店都有販售圓直麵（spaghetti）和千層麵（也算是長形麵的一種）。想做出天使麵、小寬扁麵、緞帶麵和吉他麵（spaghetti alla chitarra）這樣精緻的長條形，最好是用機器，不過有些長形麵還是可以手做，而且花的時間可能比你想像中少，畢竟事後要清洗的工具不多。

使用機器可以做出你想要的厚度，手做的話會有點難，不過總歸一句，桿出來的厚度要符合你想做的麵，寬度和高度也要一致。不過這個規則不適用寬帶麵（pappardelle）──你可不想做出兩公分厚的寬帶麵！

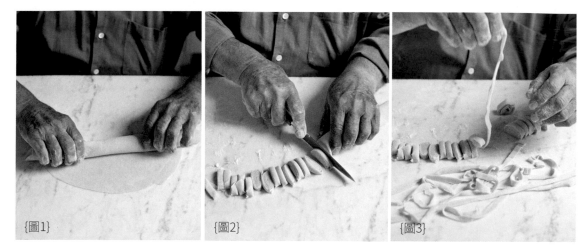

{圖1}　{圖2}　{圖3}

按部就班

製作下面五種義大利麵的第一個步驟，是先把桿開的麵團捲成長條香腸狀{圖1}，並灑上大量麵粉。

寬帶麵（pappardelle）：把捲好的麵團切成2公分寬條狀。

緞帶麵（fettuccine）：把捲好的麵團切成6至7公釐寬的條狀。

寬扁麵（tagliatelle）：把捲好的麵團切成5公釐寬的條狀{圖2}。

小寬扁麵／蛋黃細麵（tagliolini / tajerin）：把捲好的麵團切成3公釐寬的條狀。

天使麵（capelli D'angelo）：把捲好的麵團切成1至2公釐寬的條狀。

下面種類的義大利麵，請按照指示桿麵團。

吉他麵（maccheroni alla chitarra / spaghetti alla chitarra）：把麵團桿開，厚度2公釐，然後切成2公釐寬的條狀。

圓粗麵（bigoli）〔方柱狀非圓柱狀〕：把麵團桿開，厚度4公釐，然後切成4公釐寬的條狀。

托斯卡尼圓粗麵（pinci/pici）〔源於托斯卡尼的粗粒杜蘭小麥麵，通常用機器製作〕：拿一小塊麵團，在工作台上用手滾成長條狀，厚度不均勻沒關係。

所有切好的麵條要拉開來{圖3}，然後握住一端，捲成鳥巢狀，靜置乾燥。

千層麵／開式義大利餃（lasagne / raviolo aperto）：把桿開的麵團修整成大長方形——可以用鋸齒滾刀來切，增添花樣——然後麵皮之間夾防油紙，一張一張疊起乾燥。

青醬寬麵（mandilli de sea）：基本上和千層麵相同，只要再桿薄一點就可以。

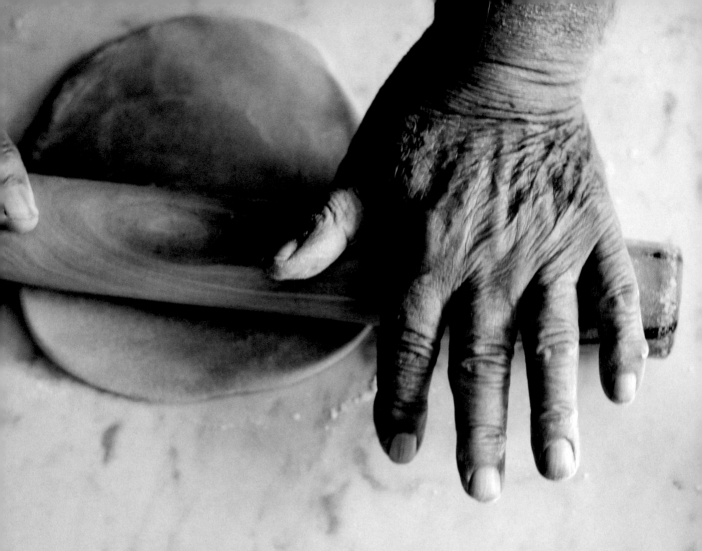

成形
短形義大利麵

　　短形義大利麵包括蝴蝶麵、螺旋麵和溝紋管麵（garganelli），這類麵條從已桿開的麵團塑型；貓耳朵麵和薩丁尼亞麵疙瘩也屬於短形麵，不過得用手指塑型成圓狀。手做的溝紋管麵可以取代只能用機器做的筆尖麵。形狀最簡單的義式麵疙瘩，則只要切出香腸狀的小麵團即可。想要做出表面有溝紋的麵，只要把麵團在奶油切板（butter-pat）上，或是其他有溝紋的器具上滾過即可；使用叉子的尖齒畫出紋路也可以。手做的短麵絕對不會像市售的那樣擁有完美的形狀，這點請務必理解。

{圖1}　　{圖2}　　{蝴蝶麵}

按部就班, 準備好桿平的麵團

　　首先把麵團桿成 1 公釐厚, 用刀子或鋸齒滾刀修邊, 然後分割成兩張大約 12*36 公分的長方形麵皮。接著, 再把這兩張長方形分割成大約 6*6 公分的小正方形。

蝴蝶麵 (farfalle)：用刀子或鋸齒滾刀把 6*6 公分的小正方形再切一半 { 圖 1 }。往麵皮的中央捏, 即可做成領結或蝴蝶形狀 { 圖 2 }。

螺旋麵 (fusilli)：把 6*6 公分的小正方形切成 4 條長條麵皮, 把麵皮環繞在編織用的棒針上捲成螺旋狀 { 圖 3 }。抽出棒針, 讓螺旋麵自然風乾 { 圖 4 }。工廠生產的螺旋麵則有多種不同樣式, 有些是像電話線般捲曲, 有些就像鑽頭一樣中間是實心的。你也可以先把長型麵條搓成圓條狀, 再用棒針捲。

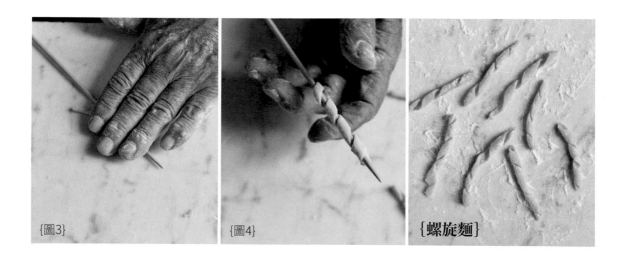

{圖3}　　{圖4}　　{螺旋麵}

{圖1}

{亂切麵}

亂切麵（maltagliati）：用刀子在大張的長方形麵皮上，隨意切割{圖1}。

四方麵（quadrucci）：一種扁平四方型的義大利麵。用手或機器把麵團盡可能桿得很薄，然後像寬帶麵一樣，切成2公分寬的帶狀，把切好的麵皮疊起來，中間撒點麵粉以防沾黏{圖2}。把疊好的麵皮，再切成2公分的正方形{圖3}。

溝紋管麵（garganelli）：拿一張6公分正方形麵皮，用細圓棍從其中一角沿對角線把麵皮捲起來，再沾水黏住，形狀類似筆尖麵。接著在奶油切板上滾出溝紋，再從細圓棍上取下。

碎片麵（brandelli）：這種麵是我發明的，也是造型最簡單的麵，只要把桿好的麵團隨意撕成小片即可。（義大利文的brandelli就是碎片！相同形狀的麵還有麵片〔stracci〕和青醬寬麵〔mandilli de sea〕。）

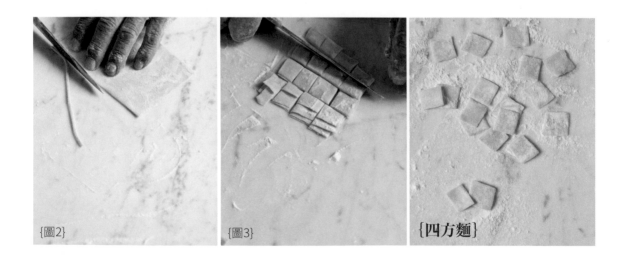

{圖2}

{圖3}

{四方麵}

{圖1}

{圖2}

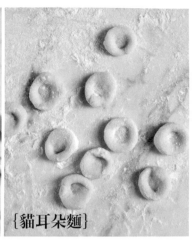

{貓耳朵麵}

按部就班做手捲麵

這一類的義大利麵不需要用桿麵棍，直接以手塑型。

特飛麵（trofie）：把一小團麵團搓成直徑 3 公釐的條狀，每段切成 3 至 4 公分的長度。把切好的小塊在台面上搓成細條，握著麵條兩端往不同方向捲，形成螺旋狀。

貓耳朵麵（orecchiette）：把麵團搓成直徑 1 公分、長度 30 公分的條狀，然後切成每段 1 公分的小塊，把每一塊揉成球狀麵團{圖1}。用拇指壓麵團，往外推開，形成中間凹陷的耳朵狀{圖2}。

薩丁尼亞麵疙瘩（gnocchetti sardi / malloreddus）：把一小團麵團搓成 2.5 公分長的小香腸狀，在奶油切板上壓出溝紋，然後用手指壓推麵團中間，形成貝殼狀。

包餡義大利麵

　　包餡義大利麵主要來自義大利北部（南部包餡
的種類，大概只有千層麵）。在艾米利亞─羅馬涅、
倫巴底、皮埃蒙特（Piedmont）及利古里亞大區
（Liguria），包餡義大利麵的種類驚人，有些是各區
都有的類似款，有些內餡相似，有些則形狀不同，
這些麵有時候名稱相同，有時卻又不一樣！這樣沒
有特定規則的現象，早就存在已久。舉例來說，皮
埃蒙特大區有一種餃子叫做牧師帽餃（agnolotti），
形狀有正方形、長方形、圓形或半月形。艾米利亞─
羅馬涅大區的義大利雲吞，形狀有正方形、圓形或
半月形，有些義大利雲吞甚至是長方形……搞不清
楚了嗎？沒關係，就連義大利人自己也搞不清楚……

{圖1}

{義大利餃／牧師帽餃}

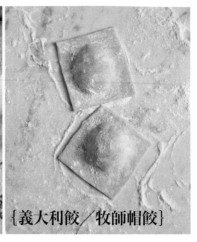

{圖2}

　　包餡義大利麵聽起來好像很難、做法複雜，但其實很簡單，而且非常美味。自己在家做的跟現成的根本無法比較。舉例來說，你可以實驗各種餡料，嘗試各種尺寸。傳統的包餡義大利麵只有幾種形狀，但你可以自行實驗，把尺寸放大或縮小。比如說，義大利餃通常是 2 公分寬的正方形，但是你可以做得更小一點，或是放大（從義大利雲吞、義大利餛飩、元寶餃〔tortelloni〕的大小差異也可以看出端倪）。請牢記，包進去的內餡量一定要配合餃子大小。

　　做包餡義大利麵時，請注意餡料不要太濕，因為這會導致麵皮變軟，煮的時候容易爆開。疊放或儲存包餡義大利麵時，在彼此之間撒一點粗粒杜蘭小麥粉，防止沾黏。黏麵皮時用水即可，有些食譜特別交代用蛋液，但是煮的時候蛋會增加厚度，你不會想吃這樣的麵的。

義大利餃／牧師帽餃（ravioli / agnolotti）：

　　切一片 37*24 公分桿好的麵皮，再切一片比它大的麵皮。在較小的麵皮上，等距離放上等量餡料（如果是做傳統的 2 公分正方形餃，餡料大約是 1/2 茶匙，間隔 2 公分，約可做 15 顆）。在餡料周圍的麵皮上抹水，幫助黏合。把較大片的麵皮蓋上去{圖 1}，把餡料周圍都壓緊，擠出空氣。

　　另一種做法，是準備一張很大片的麵皮，在半邊放上餡料，照上面的步驟抹水，然後把另一半折過來蓋住。用鋸齒滾刀或義大利餃滾刀，切成正方形{圖 2}（你也可以直接使用義大利餃工具，參見第 26 頁）。

{圖1}

{圖2}

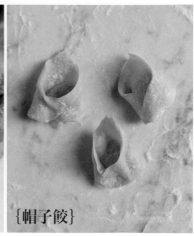
{帽子餃}

帽子餃（cappelletti）：

首先要準備方形的麵皮，圓形也可以（帽子麵做法相同，但體積更大）。把 2.5 公分的正方形麵皮放在工作台上，在中央或是靠近中央的地方，放上 1 茶匙左右的餡料。把麵皮對折成三角形，把餡料周圍的空氣擠出，壓緊邊緣封好{圖1}。把三角形的左右兩角往中央壓緊黏住{圖2}。把第三角朝上，完成帽子餃形狀。

另一種做法，是把直徑 8 至 9 公分的圓麵皮放在工作台上，在中央放一茶匙的餡料，然後對折{圖3}，麵皮邊緣沾點水封住。把半圓形餃子捲起來{圖4}，在平台上用你的拇指把兩端壓緊黏住。

元寶餃／義大利餛飩／小圓餃（tortelloni / tortellini / anolini）：

元寶餃的做法和帽子餃相同，但圓形麵皮為直徑 6 公分；義大利餛飩的麵皮為 5 公分的方形或圓形；小圓餃的麵皮為 3 公分的方形或圓形（但我的手指太粗了，根本無法做小圓餃）。

{圖3}

{圖4}

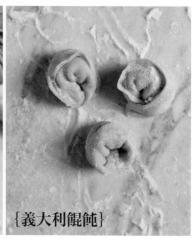
{義大利餛飩}

{圖1}

{圖2}

{薩丁尼亞餃子}

馬魯比尼（marubini）：

　　準備圓形麵皮，大小隨自己喜好，不過通常都是直徑 5 公分的小圓形。把餡料放在中央，用水沾濕麵皮邊緣，蓋上另一片麵皮，兩片壓緊黏合。或者也可像做義大利餃一樣，把餡料周圍的空氣擠出，再用刀子切（參見第 39 頁）。

牧師帽餃（agnolotti del plin）：

　　做法和義大利餃相同，但是形狀為長方形。切之前，先捏一捏餡料之間的間隔，再切成小長方形餃子。

義大利披薩餃／弗留利大區（Friuli）的牧師帽餃（cialzons / agnolotti）：

　　麵皮為直徑 8 公分的圓形，放入餡料後對折封起，呈半圓形。

大餃（ravioloni）：

　　準備一張 50*25 公分的麵皮，依 6 至 7 公分間隔一一放上餡料，份量要比前面幾種餃子還多一些。在麵皮間隙上抹水，蓋上另一張麵皮黏好，再切成 6 至 7 公分的方形。

三角餃（pansòti）：

　　來自利古里亞的經典餃子。先準備 5 至 8 公分的正方形麵皮，放入餡料後，對折成三角形。

歐雷奇歐尼／大餃（orecchioni 或 tordelloni / ravioloni）：

　　準備直徑 10 公分的圓形麵皮，放入餡料後對折封好。

尾巴餃／糖果餃（tortelli con la coda / caramelle）：

　　準備 8 公分長方形麵皮，中央放入餡料後，像捲糖果紙一樣把兩端捲起來。注意麵皮一定要桿得非常薄。

義大利麵捲（cannelloni）：

　　把大張麵皮切成 8*15 公分長條，包住餡料捲成香腸狀，交疊的麵皮沾水黏住。

薩丁尼亞餃子（Sardinian culurgiones）：

　　準備直徑 8 公分的圓形麵皮，放在一隻手上。把餡料放在麵皮中央偏下的位置，用拇指把麵皮往中央折，包覆住餡料{圖1}，左右交替，形成打褶樣式{圖2}。折疊過程中不斷捏緊中央，最後捏緊最上端，把餃子封住，成品會像梨子形狀。

烹煮義大利麵的原則

烹煮

多少份量才夠？

小份量的話，每個人約是50克的乾燥麵或是90克新鮮義大利麵。若是正常份量，例如附帶沙拉的午餐，每個人約是70至80克乾燥麵，或是100至110克新鮮義大利麵。大份量的餐點——專為成長期的青少年或是運動員準備——我會每個人使用100至110克乾燥麵，或130至150克新鮮義大利麵。當然，一切都要視麵的品質和形狀，還有當時的胃口決定！

鍋子

用來煮麵的鍋子一定要大——寬度和高度都要足夠——因為需要用大量的水。底部比上緣寬的鍋子比較好，因可維持水的溫度。你還需要蓋子，放入義大利麵後得短暫蓋上鍋蓋，盡可能讓水再快速沸騰，沸騰後再把蓋子打開。

水

每100克義大利麵要使用1公升的水。煮麵時，澱粉會釋出，所以需要用如此大量的水，要是水不夠，麵會把釋出的澱粉再次吸入。一定要等水滾了才下麵。

高湯

無論是長條麵或是小型的麵，都可以用自製的雞高湯取代水來煮麵，如此麵會更美味。許多湯品或是義式蔬菜濃湯裡的麵，都是這樣煮的。高湯使用的份量和水一樣，同樣也得煮滾才下麵。

鹽

每公升的水要加10克的鹽，水滾下麵後才加鹽。海鹽是最好的選擇。高湯如果事前沒有調味，也要加同份量的鹽，但還是要注意鹽的量，因為之後你可能會直接喝湯。

烹煮

水滾後，一口氣放入所有小型麵，攪拌約20至30秒。蓋上蓋子，讓水再次沸騰。打開蓋子，新鮮的麵需煮2至3分鐘；無蛋的乾燥麵、大部份產自普利亞大區的麵，以及一些乾燥的包餡麵，須煮10至20分鐘。絕對要遵守包裝上標示的時間，不過大體上，乾燥麵需要的時間是新鮮麵的兩倍。煮長條麵時，絕對不要折斷，直接整把放入鍋內。如果鍋子夠高，等到浸到水的麵體軟化後，再用木叉子把麵全都壓入水內，照上述說的攪拌，再照適當時間烹煮。

油

除了千層麵之類的義大利麵以外，煮麵時並不需要加油。然而千層麵會黏住，為了預防這一點，要在水裡加油，再一張一張把麵皮放入，如此一來油就能包覆麵皮表面。另一個防止麵皮黏在一起的方法，是煮的過程中用木叉子攪拌一到兩次。

彈牙口感（al dente）

這個沒有精準的測量方式。所謂的「al dente」，指的是有嚼勁、軟硬適中、麵條柔軟、中央沒有堅硬的芯。麵快要煮好時，試吃一兩條，看看是不是你喜愛的硬度。記得，稍微降溫一點

再試吃。大部份義大利人都喜歡這種有點彈牙的口感，那不勒斯人甚至喜歡麵條可以在盤子裡彈跳的程度（地方方言稱之為「fuienni」）！有許多人喜歡軟一點的口感，不過千萬別煮太久，因為麵條會變得難消化，造成胃的負擔。

濾水

事先在水槽放一個濾盆，麵煮好後倒入（煮麵水要留下幾大匙，如果醬汁太乾或是太稠，就能派上用場）。千萬不要再用冷水或熱水沖麵，會沖掉太多澱粉。如果你煮的是長條麵，可以用夾子把麵夾到濾盆濾乾。

上桌享用

盤子預熱

盛麵的大盤子和每個人的盤子都要事先預熱。義大利人喜歡用裝湯的深盤來吃義大利麵。

裹上醬汁

醬汁一定要在麵煮好時準備好，麵如果沒有快速裹上醬汁會黏在一起，所以動作要快速。裹醬汁的方法很多，你可以把濾乾的麵倒入醬汁鍋內，或是放入預熱過的碗裡保溫。你可以在裹上醬汁前，先拌一點橄欖油或奶油，不過我通常是加點煮麵水。接著加一點醬汁，讓麵均勻裹上淡淡一層。把麵依照盤數分裝，然後在每一盤上淋更多醬汁。另一個簡單的方法，是把所有的麵和所有醬汁一次拌勻，再分成小盤。請記住，醬汁絕對不能多到讓麵泡在裡頭。

撒上起司

有必要的話，可以最後撒上現磨的帕瑪森起司、佩克里諾起司，或是奶酪起司（陳年的起司最好）。在麵和醬汁上撒一點，另外拿一個碗也裝一點，讓食用者自行加上。不過如果是加了魚肉的義大利麵，請勿再撒起司，可以改淋一點特級初榨橄欖油增添風味。

享用義大利麵

趁熱食用。長麵條只能用叉子吃，用叉子叉起幾根麵條，放到盤子邊，把叉子像螺絲起子一樣旋轉，不要一次捲太多麵，以免太大口。最失禮的吃法，就是用刀子把長麵切短，再用湯匙吃。只有喝湯或是加了義大利麵的湯品時，才可以用湯匙。另外也別把麵條吸入嘴裡，儘管偉大的女演員蘇菲亞·羅蘭（Sophia Loren）在她的義大利食譜中，表明自己喜歡這種吃法，但通常只有嬰兒才被允許這樣做。

把盤子抹乾淨

就連醬汁也要吃到一滴不剩。雖然有些義大利人認為，用麵包把醬汁都抹乾淨吃掉，有失禮儀，不過這種吃法──我們叫「小鞋子」（la scarpetta）──確實很美味。

剩菜不要扔掉

吃剩的水煮麵或是佐醬麵千萬別扔掉，它們有辦法變成另一道佳餚，後面我會教你（參見第188頁）。

第二部

義大利麵
食譜

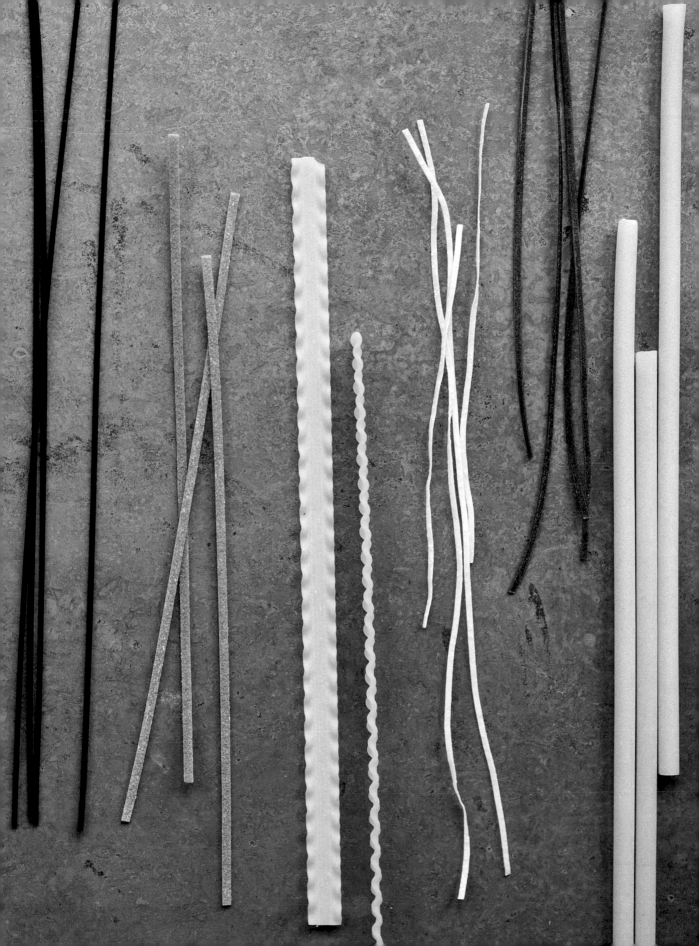

義大利湯麵

打從嬰兒時期，我就非常喜歡湯。我的母親會為我們煮湯，主材料是高麗菜或其他蔬菜，再加上米或義大利麵。湯品既溫暖又美味，而且還很營養。長大後我住在國外，然而每次回義大利探視她，她總是煮好湯麵等著我。這種撫慰人心的湯品，總是讓我想起家鄉和母親。

義大利的湯品分成多種，「zuppa」指的是食材樣貌完整、沒有燉爛的湯，湯底通常會有一片麵包；「passata」是食材全都燉爛的湯（也稱作「crema」）；「minestra」是用高湯和綠色蔬菜煮的湯（「minestrone」就是大份量的「minestra」）。無論是哪種義大利湯品——肉、魚或蔬菜，現做或吃剩的——絕大部份都是當作輕食晚餐的其中一道菜，再配上香草歐姆蛋和沙拉。許多湯品的基底是自家熬的美味高湯，不過單純用水煮也沒關係（這麼說也許你會很驚訝，不過我並不反對使用高湯塊或是高湯粉）。

然而這一章要介紹的，是加了義大利麵的湯品，使用的都是小型麵，例如義大利麵粒（acini di pepe）、字母麵（alfabeto/lettere）、手指麵（ditalini）和米形麵。這些麵幾乎都是用粗粒杜蘭小麥粉製成，從製麵機的小洞口高壓擠出，再切成小塊後乾燥。有些湯品的麵裡有加蛋，有些則是為了有腹部疾病或麩質不耐症的人所製的無麩質麵。

把義大利麵加進湯裡，無疑會讓湯品嚐起來更濃郁，也會有很好的口感。如果你從未吃過義大利湯麵，可以把乾燥的大型麵，像是千層麵或寬帶麵，剝成小塊，也可以在濃郁的雞湯裡，加入剝斷的小寬帶麵或天使麵，變成義大利版的雞湯麵！

小湯麵
Pastina in Brodo

4 人份

小型乾燥無蛋麵 200 克（如小蝴蝶麵〔farfalline〕、
　水滴麵〔semi di melone〕、字母麵、小貝殼麵
　〔conchigliette〕）
鹽和胡椒適量
無鹽奶油 20 克
現磨帕瑪森起司 50 克
巴西里末 1 大匙

牛高湯（約可煮 3 公升）
整塊燉煮用牛肉 1 公斤，以及幾根牛骨
水 4 公升
鹽
紅蘿蔔 2 根，削皮切小塊
洋蔥 1 顆，去皮切半
芹菜莖 2 至 3 根，稍微切過
月桂葉 4 片
黑胡椒籽 1 大匙

牛高湯：把牛肉放入大鍋裡，加水蓋過，並加一
撮鹽，煮滾。把雜質撈除，加入其他材料，蓋上
蓋子再次煮滾，燉 2 至 3 小時。把肉取出，保存
作為其他菜色使用。過濾高湯，把其他食材濾
掉。高湯放涼後，把凝固的油脂撈掉。冷藏保存，
1 至 2 天內使用完畢，或是冷凍保存。使用前先
嘗味道，再用鹽調味。

湯麵：取 600 毫升高湯煮滾，加入義大利麵和鹽，
視麵的種類煮 5 至 8 分鐘，讓麵變軟。最後依喜
好調味。

可加點奶油增添風味，奶油融化後，舀入預熱過
的湯碗，最後撒上帕瑪森起司和巴西里。

其他做法

這道經典北義大利湯品有更清爽的做法，使用自己熬的雞
高湯（參見第 55 頁），麵改用整根或剝斷的天使麵，你還
可以加一些切碎的新鮮巴西里或細香蔥。

馬鈴薯湯麵
Pasta e Patate

4 人份

新鮮無蛋麵團 300 克（參見第 31 頁）
豬油、義大利培根或巴馬火腿的油脂 100 克
大蒜 2 瓣，去皮切碎
橄欖油 2 大匙
粉質馬鈴薯 400 克，削皮切塊
芹菜葉，切碎
根芹菜 200 克，去皮切塊
水或雞湯（參見第 55 頁）1.5 公升
鹽和胡椒適量

用手或機器把麵團桿成厚度 2 公釐，切成 5 公分
長、2.5 公分寬的長條。

把混炒蔬菜（做法參見第 21 頁）和大蒜、橄欖油
一起炒幾分鐘，加入馬鈴薯、芹菜葉、根芹菜，
續炒幾分鐘。加水或高湯，煮 15 分鐘至所有食
材變軟，加鹽和胡椒調味。

加入義大利麵，繼續煮 6 至 7 分鐘至麵變軟（這
裡不需要彈牙口感）。這道湯麵風味已經很棒，
不需要再撒帕瑪森起司。

其他做法

這原本是我母親發明的經典菜色，吃了讓人滿足。我自己
的版本使用的是根芹菜，你也可以用同份量的菊芋代替，
滋味會不同。

花椰菜淡菜貓耳朵麵

Orecchiette con Broccoli e Cozze

這是一道來自普利亞大區海岸，特別是首府巴里（Bari）的經典菜色，任何貝類皆可使用。通常這道菜搭配的蔬菜醬汁是蕪菁葉，但是義大利以外的地區很難找到這項食材，所以最簡便的替代品就是綠花椰菜，或是紫花椰菜。這道菜可以當作開胃菜，但份量一定要小！也可直接當成午餐。

4 人份

乾燥貓耳朵麵 350 克
鹽和胡椒適量
綠或紫花椰菜 300 克
特級初榨橄欖油 75 毫升
大蒜兩瓣，去皮切碎
辣椒 1 根，切碎
小番茄 4 顆，切半
乾白酒 3 大匙
大顆淡菜 1 公斤，清洗乾淨

其他做法

除了淡菜，你也可以用蛤蜊，但煮的時間要縮短。貓耳朵麵可以換成薩丁尼亞麵疙瘩或是筆尖麵，如果找得到紅色或綠色的歐雷奇歐尼麵（orecchioni），搭配淡菜和花椰菜會很漂亮。普利亞大區的貓耳朵麵使用義大利零零號麵粉及粗粒杜蘭小麥製作，口感奇特，比其他乾燥小型麵煮的時間更長。雖然在普利亞大區大多是手工製的，但是在好的食品行也可找到小包裝的乾燥貓耳朵麵。

在大量鹽水裡煮麵 10 分鐘，或是煮成彈牙口感（試吃看看！）把花椰菜加到鍋子裡一起煮 5 至 6 分鐘，再把水倒掉。

同一時間，在另一個鍋子裡用油爆香大蒜和辣椒（依自己喜愛加減份量），然後放入番茄、白酒和清洗過的淡菜。蓋上鍋蓋，視淡菜大小蒸煮 8 至 10 分鐘（可打開鍋蓋檢查），淡菜很快就會開殼，釋放美味的肉汁。鍋子離火，把幾顆淡菜從殼上剝下，把肉重新放回鍋內，殼丟棄。拌一下淡菜，讓味道融合，再加入剩下的特級初榨橄欖油。淡菜和麵已經有鹹味，不需再加鹽，但可以加點胡椒。

把義大利麵和花椰菜放入醬汁內，拌勻。這道麵食因為有點湯汁，要用深盤盛裝，以湯匙食用。

義大利餛飩湯

Tortellini in Brodo

這道湯品無疑是艾米利亞—羅馬涅大區最經典的菜色，就連高雅的餐點都是以這道湯做為前菜。用市售的義大利餛飩也沒關係，不過當然還是自製的比較美味。道地的艾米利亞—羅馬涅人會花很多時間，為特別場合製作義大利餛飩，不但能加在湯裡，還能搭配番茄醬汁，甚至可搭配火腿和鮮奶油。

艾米利亞—羅馬涅大區

4 人份

新鮮加蛋麵團 1/2 份（參見第 29 頁）
高品質牛高湯 600 毫升（參見第 47 頁）
鹽和胡椒適量
現磨帕瑪森起司 50 克

餡料
吃剩的烤牛肉或小牛肉 200 克，絞碎
球芽甘藍 10 顆，稍微燙過，切細碎
肉豆蔻粉和肉桂粉各 1/2 茶匙
中等大小雞蛋 1 顆
現磨帕瑪森起司 30 克

其他做法
可以用帽子麵代替餛飩。最後也可撒上巴西里、細香蔥或是芹菜葉。

製作麵團（參見第 30 頁），用小型義大利麵機或是桿麵棍，將麵團桿成厚度 1 公釐，切成數個邊長 8 公分的正方形。

把內餡材料拌勻，在麵皮中央放餡料。把麵皮折成三角形，壓緊邊緣，再把另外兩角拉至中央互相壓緊，做好的餛飩應該要有圓滾滾的底部。把剩下的麵皮和餡料，以同樣步驟完成。可以前一天先做好，想保存更久的話須冷凍。

把高湯煮沸，丟入義大利餛飩。高湯再次沸騰後，新鮮的餛飩得繼續煮 3 至 4 分鐘，冷凍的則要煮 10 分鐘，市售乾燥的要煮 15 分鐘。嘗一下餛飩是否熟了，並幫高湯調味。

以溫熱過的深盤或是碗盛裝餛飩湯，最後撒上帕瑪森起司。

白色春天羊肉管麵湯

Zuppa di Agnello Falso Allarme

為了歌頌美好的春季，我發明了這道菜。然而，這時候歐洲依舊會下雪，
把我的花園染成一片潔白，雖有陽光卻十分寒冷。於是這道湯品成了我
在乍暖還寒時節的最佳撫慰！

4 人份

橄欖油 60 毫升
洋蔥 2 顆，去皮切大塊
根芹菜 1 整顆，去皮切塊
紅蘿蔔 3 根，削皮切塊
羊頸肉 700 克
水 1.5 公升
雞湯塊 2 塊（沒錯，我有時也會用！）
迷迭香 1 根
鹽和胡椒適量
乾燥大吸管麵（或是通心粉）250 克
巴西里末 2 大匙

在鍋裡倒油，炒洋蔥 5 分鐘，再加入根芹菜和紅蘿蔔，續炒
5 至 6 分鐘。加入羊肉，倒水，把雞湯塊弄碎後放入。煮滾
後，放入迷迭香和一點鹽和胡椒，蓋上鍋蓋，燉煮 1 小時。

把羊肉取出，去骨，切成小塊，放回湯內。加入義大利麵煮
8 至 10 分鐘。

撒上巴西里，趁熱食用。

其他做法

你也可以改用條紋通心麵（sedanini）、短管
麵或任何短小的麵。或把湯汁煮稠一點，當作
筆尖麵的醬汁。

雞肉丸義大利湯麵

Tajarin in Brodo con Gnocchetti di Pollo

蛋黃圓直麵（tajarin）在皮埃蒙特大區非常盛行，當地人喜歡配松露吃。
製作蛋黃圓直麵需要先做雞蛋麵團（參見第 29 頁），桿開後切成細條狀，
非常簡單！

4 人份

新鮮雞蛋麵團 1/2 份（參見第 29 頁）
芹菜葉 1 把（可省略）
現磨帕瑪森起司 40 克
鹽和胡椒適量

雞高湯（約可煮 3 公升）
生雞肉塊 1.75 公斤
巴西里適量
月桂葉 1 片
水 4 公升
大型洋蔥 1 顆，去皮切 4 塊
紅蘿蔔 3 根，每根削皮切 4 塊
芹菜莖 3 根，帶葉更好
黑胡椒籽適量

雞肉丸
雞腿 2 隻
現磨肉豆蔻 1/2 茶匙
大蒜 1 小瓣，去皮壓碎
巴西里 2 大匙，切碎
麵包粉 1 大匙
中型雞蛋 1 顆
現磨帕瑪森起司 30 克

雞高湯：把所有食材放入鍋內煮滾，用大湯匙撈掉浮上來的雜質。轉小火，蓋上鍋蓋，慢燉至少 2 小時。把雞肉取出（之後可做成沙拉），過濾高湯。高湯冷卻後，把凝固的油脂去掉。冷藏保存 1 到 2 天，或是冷凍保存。使用前要再調味。

麵：依照第 30 頁的步驟製麵團，把麵團桿開，切成細條。做好的麵用乾淨茶巾蓋著，放一旁備用。

雞肉丸：取 600 毫升高湯煮滾，放入雞腿煮 15 分鐘，然後放涼。把雞腿從高湯取出，去皮和骨。高湯放一旁，之後可當美味湯底。把雞腿肉和其他材料放入食物處理機，打成泥狀，以 2 茶匙的份量揉成雞肉丸。

把高湯煮滾，放入麵條和雞肉丸，煮幾分鐘。把煮好的麵盛入溫熱過的碗，灑上芹菜葉（可省略）和帕瑪森起司。

豆子義大利湯麵

Pasta e Fagioli

義大利的每一個行政區，甚至是每一個城鎮，都有自己獨特的豆子湯麵，堪稱最美味暖心的平價食物。依照不同地區特色，有濃厚或清淡的不同版本。對我而言，這是我評價自己餐廳廚師的基準，如果一位廚師連豆子湯麵都煮不好，那就不合格，或是不認真。南方的豆子湯麵版本和北方完全不同，是用各種用剩的義大利麵來煮，我們稱作「munnezzaglia」（雜燴）。現在已有廠商幫你把各種麵混合成一包雜燴麵，非常方便。

4 人份

乾燥白腰豆 300 克，泡水一夜
橄欖油 5 大匙
巴馬火腿幾片，帶骨或少量豬油更好
大蒜 2 瓣，去皮切片
小番茄 10 顆，切半
牛或雞高湯 1 公升（參見第 47 或 55 頁）
各式乾燥短形麵 200 克
新鮮羅勒葉 2 大匙
鹽和胡椒適量
特級初榨橄欖油適量
辣椒末 1 茶匙（可省略）

其他做法

想煮北方版本的話，可以把白腰豆換成紅莓豆（borlotti beans）；混合的乾燥短麵則換成捏碎的乾燥寬扁麵。煎火腿時可再加點碎洋蔥，最後煮好時撒上帕瑪森起司。

把泡豆子的水倒掉，再加入乾淨的水（不要加鹽），煮 1 個半小時至豆子變軟。把水倒掉，把一半的豆子用食物處理機打成泥。

在鍋子裡倒入橄欖油開小火加熱，放入一片火腿（如果幸運買到帶骨的，就連骨頭一同放入），煎 2 至 3 分鐘，再加入大蒜稍微煎一下。加入小番茄和高湯煮滾。把完整的豆子、豆泥，以及義大利麵一同加入，時不時攪拌，大概煮 10 分鐘至麵變軟。加入羅勒，以鹽和胡椒調味。

把煮好的湯麵盛入溫熱過的碗，最後淋上一點特級初榨橄欖油。我不會再灑上起司，不過一點點切碎的辣椒倒是不錯。

小蝴蝶麵雞蛋湯

Stracciatella con Farfalline

這大概是最簡單的湯麵了，秋冬吃這道湯麵最撫慰人心。小蝴蝶麵是專為湯麵設計，餐廳裡也有販售沒有加麵的雞蛋湯，無論哪一種都適合孩子食用。

4 人份

雞或牛高湯 1.5 公升（參見第 47 頁或 55 頁）
無鹽奶油 30 克
乾燥小蝴蝶麵 150 克
中型雞蛋 4 顆，打散（挑選蛋黃顏色鮮艷的，煮出來色澤才好看）
巴西里末 2 大匙
現磨帕瑪森起司 80 克
鹽和胡椒適量
特級初榨橄欖油適量

把高湯煮滾，再把奶油加入融化。義大利麵放入高湯裡，煮約 8 分鐘至麵變軟。

把蛋液、巴西里和 50 克帕瑪森起司混合均勻，用鹽和胡椒調味，再淋入高湯裡。撒上剩餘的帕瑪森起司，淋上一點橄欖油，立即食用。

其他做法

煮給孩子吃的時候，可以換成字母麵。另一種可代替的湯，是帕維亞湯（zuppa pavese），也就是把烤過的麵包放在碗底（取代義大利麵），打上一顆蛋，再淋上高湯。

西西里蛤蜊庫斯庫斯湯

Couscous alla Trapanese

西西里人喜歡重口味食物，然而這道精緻湯品例外。庫斯庫斯讓我們想起與義大利隔海相望的北非國家。西西里島是義大利唯一受到阿拉伯文化影響的地區，也許是因為阿拉伯人統治了西西里島兩百多年的關係。摩洛哥和其他北非國家，經常用庫斯庫斯搭配魚肉醬汁。

西西里

4 人份

橄欖油 6 大匙
大蒜 1 瓣，去皮切碎
辣椒末 1/2 茶匙
小蛤蜊 750 克，事先吐沙
不甜白酒 50 毫升
快煮庫斯庫斯 150 克
魚高湯 300 毫升
鹽和胡椒適量
巴西里末 1 大匙

魚高湯（約可煮 2.25 公升）
白魚肉 1.2 公斤（頭、骨包含在內）
水 4 公升
海鹽 1 撮
芹菜莖 2 至 3 根，略切塊
紅蘿蔔 2 根，削皮切塊
新鮮巴西里 1 束
洋蔥 1 顆，去皮切半
大蒜 2 瓣，不需去皮
茴香籽 1 茶匙

魚高湯：用流動冷水清洗魚肉和魚骨，接著放進加鹽的水裡煮滾，浮起的雜質撈掉。把其他材料放入，蓋上蓋子，燉 1 小時。把高湯過濾，放涼後冷藏可保存幾天，也可冷凍保存。使用前要再調味。

在鍋裡放油，爆香大蒜和辣椒，放入蛤蜊後，蓋上鍋蓋 4 至 5 分鐘，期間稍微晃動鍋子。等所有蛤蜊打開後，加入白酒再煮 1 分鐘，讓酒精蒸發。

同時用另一個鍋子，倒入 300 毫升高湯和庫斯庫斯，煮 4 至 5 分鐘（依照包裝指示）。煮好後，鍋裡應該還有液體剩下。

把庫斯庫斯倒入蛤蜊鍋裡拌勻，依照自己口味再調味，最後撒上巴西里。這道菜不需再撒帕瑪森起司。

薩丁尼亞麵湯
Fregola Sarda in Brodo

4 人份

雞或牛高湯 1 公升（參見第 47 頁或 55 頁）
乾燥珍珠麵（fregola）150 克
無鹽奶油 30 克
現磨佩克里諾起司 50 克
細香蔥末 2 大匙
番紅花少許（可省略）
鹽和胡椒適量

把高湯煮滾，加入珍珠麵煮 12 分鐘。加入奶油、佩克里諾起司、細香蔥和少許番紅花。依自己的口味調味，趁熱食用。

其他做法

如果沒有珍珠麵，可以改用庫斯庫斯做這道簡單溫暖的湯品。用手沾點水，搓揉幾顆庫斯庫斯，就可做出類似珍珠麵的形狀，其他做法都一樣。

白花椰菜義大利麵湯
Zuppa di Pasta e Cavolfiore

4 人份

新鮮無蛋麵團 250 克（參見第 31 頁）
大蒜 2 瓣，去皮切碎
橄欖油 2 大匙
水 1.5 公升
白花椰菜 400 克
鹽和胡椒適量
切碎羅勒葉 2 大匙
現磨帕瑪森起司 50 克
特級初榨橄欖油適量

用手或機器把麵團桿成 2 公釐厚度，切成長 15 公分、寬 3 公分的麵條，放一旁備用。

用油爆香大蒜，炒軟大蒜後加水和白花椰菜，煮滾後蓋上蓋子，燉 20 分鐘讓白花椰菜變軟。接著加入義大利麵、鹽和胡椒，煮 5 至 6 分鐘讓麵變軟。撒上羅勒和帕瑪森起司，盛碗後在每一碗上淋點橄欖油，趁熱食用。

其他做法

家裡沒有太多食材時，我的母親就會煮這道麵湯，不過最後撒上的羅勒、帕瑪森起司，以及淋上的橄欖油，確實增添不少風味。青綠色的羅馬花椰菜（romanesco）介於白花椰菜和綠花椰菜之間，是我母親以前做菜時還不普及的食材，現在你可以用來取代白花椰菜。

鷹嘴豆義大利麵湯

Ciceri e Tria

這是一道古老的羅馬菜，至少有兩千年歷史了，不過至今依舊美味誘人。
現今在普利亞大區可以很容易發現這道湯麵，通常使用一種叫做 lagane*
的麵，是用麵粉和水製作的無蛋麵。

4 人份

乾燥鷹嘴豆 200 克，先泡過 1 天水
新鮮無蛋麵團 300 克（參見第 31 頁）
大蒜 1 瓣，去皮切碎
辣椒末 1/2 茶匙
橄欖油 4 大匙
小番茄 5 顆，切 4 份
羅勒葉 2 大匙
水 1.5 公升
鹽和胡椒適量
特級初榨橄欖油適量

其他做法

可以用帽子麵代替餛飩。最後也可撒上巴西
里、細香蔥或是芹菜葉。

* 千層麵「lasagne」的前身

把泡鷹嘴豆的水濾掉，再把豆子放入乾淨的水中（不要加
鹽），煮 1 個半小時至豆子軟化。把水濾掉，再把 1/3 豆子
用食物處理機打成泥，放一旁備用。

同一時間，用手或機器把麵團桿成 2 公釐厚度，切成 5 公釐
寬、20 至 25 公分長的麵條，用桌巾覆蓋好放一旁備用。

用油爆香大蒜和辣椒，然後加入小番茄、完整的豆子、豆
泥、羅勒和水，攪拌後加入義大利麵，煮 5 至 6 分鐘至麵變
軟。依個人喜好加鹽和胡椒調味。盛碗後，淋上一點特級初
榨橄欖油，趁熱食用。

義大利麵蔬菜湯

Minestrone di Verdure

這道蔬菜湯靈感來自倫巴底和利古里亞大區的蔬菜湯（minestrone），不過其實整個義大利都有類似的湯品——有些則非常與眾不同。大多數蔬菜湯都是用冰箱裡的剩菜，例如西葫蘆、茄子、紅蘿蔔、芹菜、甘藍菜、切四分之一的球芽甘藍。你也可以加一點馬鈴薯，增加濃稠度。

4 人份

橄欖油 4 大匙
大蒜 1 瓣，去皮切碎
洋蔥 1 顆，去皮切碎
雞或牛高湯 2 公升（參見第 47 頁或 55 頁）
蔬菜約 1 公斤（可參考上述種類），切塊
乾燥短管麵 150 克
罐頭紅莓豆 400 克，瀝乾水
青醬 3 大匙（參見第 69 頁）
鹽和胡椒適量
現磨帕瑪森起司 40 克

油煎大蒜和洋蔥幾分鐘，接著加入高湯和切塊蔬菜，煮 12 分鐘左右。放入義大利麵和瀝乾水的豆子，煮 6 至 7 分鐘至食材變軟，鍋子就可離火。

加入青醬、鹽和胡椒調味，用小火加熱一下。撒上帕瑪森起司後，立即食用。

其他做法

如果你不想吃蔬菜湯，可以加入巴馬火腿、煙燻火腿或培根塊。你也可以用米取代義大利麵，或是用其他形狀的義大利麵也行。

佐醬義大利麵

如果在義大利餐廳的菜單上看見「pasta asciutta」，表示這是佐醬的麵，不是湯麵。「asciutta」的意思其實是「乾的」，但這種麵的口感並非乾巴巴，而是每根麵都會沾上適量的醬汁，但醬汁又不會多到積在盤底。換句話說，你不會單吃到醬汁，而是麵和醬汁均勻混合一同享用。其他國家喜歡弄一堆醬汁或是波隆那肉醬，但義大利正宗做法並不是這樣。

佐醬麵也代表要用叉子食用，正好符合其「乾」的特性，如果煮出來的麵非得用湯匙吃的話，就不算是佐醬麵。在義大利，只有吃湯麵或是甜點才能用湯匙，長條義大利麵更絕對不會使用湯匙（絕對禁止用刀子把長麵切成一段一段的。麵做那麼長，就是要你別用湯匙或刀子，而是用叉子捲成一口能吃下的份量）。

佐醬麵通常是用短麵，例如筆尖麵和螺旋麵，或是像義式麵疙瘩這類麵粉和水的混合物，但也可以用圓直麵這樣的長麵。醬汁的材料有很多種，最簡單的是小番茄，但也可用其他蔬菜當作基底。醬汁也可用肉類、野禽或魚類，所以我把接下來的章節分成三部分——蔬菜、肉類、魚類——方便你挑選。除了魚類之外，其他種類的醬汁都可以撒上起司，增添獨特的鹹味和風味。義大利人通常避免在魚類料理上使用起司，他們認為這樣會壓過魚本身的鮮味。

義大利圓直麵佐番茄醬

Spaghettini con Salsa Napoletana

這是我最愛的醬汁之一，因為非常簡單，我人生的最後一餐就想吃這道義大利麵。那不勒斯以種植番茄著名，於是順理成章發明了這道義大利麵。那不勒斯當地人做的番茄醬汁，大蒜可加可不加，但番茄要選用新鮮成熟的，如果還不到番茄成熟的季節，義大利人會使用品質好的罐頭番茄。

4 人份

乾燥圓直麵 350 克
鹽和胡椒適量

番茄醬汁
橄欖油 5 大匙
洋蔥 1 顆，去皮切碎，或是大蒜 2 瓣，去皮切碎，也可兩者都用
成熟番茄 (或是切碎的罐頭番茄) 600 克
羅勒葉 2 大匙，另外準備一點額外裝飾

油煎洋蔥或大蒜（或兩者一起）幾分鐘，加入番茄，不到 10 分鐘醬汁便完成了。拌入羅勒。

在大量加鹽的水裡煮麵，約 6 至 7 分鐘至彈牙口感。把麵夾出放進醬汁鍋裡，攪拌均勻，用鹽和胡椒調味，然後盛入溫熱過的盤子裡。我通常不會再撒帕瑪森起司，不過如果你喜歡可以加，還能用幾片羅勒葉裝飾。

其他做法

番茄醬汁可以搭配許多形狀的義大利麵，長短都行。這種醬汁也非常適合搭配無麩質義大利麵。

天使麵佐松露醬
Capelli d'Angelo alla Salsa di Tartufo

4 人份

皮埃蒙特大區

乾燥天使麵 300 克
鹽和胡椒適量
現磨帕瑪森起司 60 克

松露醬
無鹽奶油 80 克，略切塊
松露油 1 茶匙
削碎黑松露少許（可省略）

用大量加鹽水煮麵，一開始要攪拌避免麵纏在一起。煮 5 至 6 分鐘，或煮成彈牙口感。

同一時間準備醬汁，在另一個鍋裡放入奶油加熱融化。加 1 茶匙松露油，攪拌均勻，然後加 3 大匙煮麵水，增加水份。

把麵夾到奶油這一鍋，以鹽和胡椒調味，加入大部份起司拌勻。上桌前加入削碎的黑松露（可省略），最後把剩餘的帕瑪森起司灑上。

細扁麵佐西利古里亞青醬
Trenette al Pesto di Ponente

4 人份

利古里亞大區

蠟質馬鈴薯 150 克，切塊
四季豆 150 克，去頭去尾
鹽和胡椒適量
乾燥細扁麵 400 克（trenette，扁平形狀的圓直麵，
　　有點像 linguine）
現磨帕瑪森起司 60 克

青醬
羅勒葉 80 克，去葉柄
松子 50 克
大蒜 3 瓣，去皮稍微切碎
海鹽 1 撮
大量橄欖油，至少 120 毫升，依情形增加
現磨帕瑪森起司 50 克

青醬：把羅勒葉、松子、大蒜和鹽一同放進研磨缽，磨到變成泥狀。加入橄欖油和帕瑪森起司，如果覺得此時青醬還太乾，還可加入 2 大匙煮麵水，最後成果會是半液態的醬汁。

同一時間，在加了鹽的水裡煮馬鈴薯和豆子，約煮 10 分鐘，然後加入細扁麵再煮 10 分鐘，直到麵有彈牙口感而蔬菜都煮軟了。把大部分的水濾掉，留下一點點給青醬使用。

稍微加熱青醬——不要真的煮滾了——然後加入義大利麵和蔬菜，攪拌均勻，以鹽和胡椒調味，最後撒上帕瑪森起司。

其他做法

想改變一下這種熱那亞（Genoa）風格的青醬，可以試試看熱那亞東部的做法，加入一些自製的奶酪或是法式酸奶油，讓醬汁顏色淡一點，口感更濃郁。

大筆尖麵佐根芹菜醬

Pennoni con Salsa di Sedano Rapa

這是一道新食譜，我使用了自己喜愛的根芹菜，煮到變成泥狀，當作醬汁基底。另外加入了小條狀火腿（改用煙燻火腿也行），讓醬汁更可口，但如果你吃素，可以省略。

4 人份

乾燥大筆尖麵，或是有脊紋的麵 300 克
現磨帕瑪森起司 60 克
巴西里末 2 大匙
鹽和胡椒適量

醬汁
無鹽奶油 50 克
洋蔥 1 顆，去皮切碎
火腿 100 克，切成火柴大小的條狀
根芹菜 600 克，去皮切小塊
牛奶 50 毫升

把奶油放入鍋裡加熱融化，炒洋蔥 5 分鐘。放入火腿稍微加熱後放一旁備用。

拿另一個鍋子裝加鹽的水，煮根芹菜約 10 分鐘直到軟化。濾掉水，把根芹菜倒入奶油洋蔥鍋裡，稍微壓碎鍋裡的食材。加入牛奶增添水份，小火稍微加熱。

在加鹽水裡煮大筆尖麵 8 至 10 分鐘至彈牙口感。濾掉水後，與醬汁拌勻。撒上帕瑪森起司和巴西里，以及大量黑胡椒。

其他做法
你也可以用通心粉、條紋通心麵或波紋水管麵取代大筆尖麵。

吸管麵佐烤甜椒與鯷魚醬

Bucatini con Salsa di Peperoni Arrostiti e Acciughe

甜椒用炭火烤過後,會有獨特的香氣,再加上鯷魚更是美味。早在古羅馬時代,鯷魚就已經用在許多料理中提味。這道麵的醬料要使用油漬的鯷魚片,醬料本身很像我們在皮埃蒙特大區常見的沾醬。麵條最好使用中間有洞的長麵,例如吸管麵,雖然醬汁無法完全滲入洞裡,不過兩者搭配起來反而口感輕盈,增添層次。

皮埃蒙特大區

4 人份

乾燥吸管麵 350 克
鹽和胡椒適量
巴西里末 2 大匙

醬汁
黃色甜椒與紅色甜椒各 2 顆
橄欖油 6 大匙
洋蔥 1 顆,去皮切碎
油漬鯷魚 10 片

其他做法
你也可以用中粗吉他麵(ciriole)或螺旋麵取代吸管麵。

把燒烤爐準備好,放入整顆甜椒烤到外皮略為焦黑,甜椒內部產生的蒸氣則會把內裡一併烤熟。或者你可以把甜椒直接拿到瓦斯爐火上烤——但是風味會不同。甜椒冷卻後,去掉焦黑外皮,然後切半去籽,再切成條狀。

同一時間,用一半的油炒洋蔥至軟化,過程大約 6 分鐘。把一半的紅椒和黃椒放入食物處理機,加入剩下的油、洋蔥和炒洋蔥的油、鯷魚,打勻後倒回鍋裡。

用大量加鹽水煮麵,約煮 8 分鐘至彈牙口感。濾掉水,把麵加入醬汁鍋裡,加鹽和胡椒調味。攪拌均勻後,盛入溫熱過的盤子,最後以幾條甜椒和巴西里裝飾。

特飛麵佐香草堅果醬汁

Trofie con Salsa di Erbe e Noci

利古里亞大區

特飛麵外型像迷你螺旋麵，是利古里亞大區的特產，別的地方找不到。利古里亞大區位在義大利北方，當地人喜歡用香草——尤其是羅勒——搭配核桃，做出美味的醬汁。當地人在靠海的山坡上種植許多植物和香草，或許在海風的吹拂下，它們的香氣比其他地區的香草濃郁美味。另外，利古里亞大區還有一種經典麵食叫三角餃（pansòti），裡頭包了香草，淋上核桃醬食用。

4 人份

乾燥特飛麵 300 克（手做的最佳，參見第 37 頁）
鹽和胡椒適量

醬汁
去殼核桃 150 克
切碎的奧勒岡葉、迷迭香、鼠尾草各 1/2 大匙
羅勒葉幾片，切細條，留一點做裝飾
海鹽 10 克
大蒜 2 瓣，去皮
橄欖油 6 大匙
現磨佩克里諾起司 80 克

其他做法
你可以用細扁麵取代特飛麵，也可用烤過的榛果取代核桃。

在大量加鹽的水裡，煮乾燥特飛麵 12 至 14 分鐘（有點久，我知道），或煮成彈牙口感。新鮮特飛麵需要的時間較少，大約 4 至 5 分鐘。

同一時間，在研磨缽裡放入核桃、香草、鹽、大蒜，磨至糊狀。加橄欖油以及 60 克佩克里諾起司，混合均勻。

把麵濾乾，留下幾大匙的煮麵水，一起與麵加入醬汁內。醬汁需要用煮麵水溫熱一下，但不要在爐火上加熱。麵拌勻後，撒上剩下的佩克里諾起司以及羅勒。

帽子麵佐西西里燉菜

Cappelli con Caponata

帽子麵是普利亞大區的傳統食物，外型像一頂小帽子，原料是粗粒杜蘭小麥粉。我很大膽地把帽子麵和西西里島傳統的燉菜結合，創造出新的義大利風格麵食，不得不承認，這次結果還滿成功的。可以趁熱吃，冷了也可以當作沙拉。

4 人份

乾燥帽子麵 350 克
鹽和胡椒適量

燉菜
大型茄子 2 顆，先切片再切塊
橄欖油 100 毫升
洋蔥 2 顆，去皮切碎
芹菜 1 把，取根部和葉子，切碎
去核綠橄欖 150 克，切片
成熟番茄 200 克，壓碎
鹽漬酸豆 50 克，先沖洗掉鹽分
細砂糖 2 大匙
濃紅酒醋 2 大匙
羅勒葉 10 片，留著少許裝飾

先把茄子塊泡水 10 分鐘，之後油煎時可減少吸油的程度，泡好後把水濾乾。熱油鍋，炒茄子 10 分鐘至軟化，然後放到廚房紙巾上吸油，擱一旁備用。

用炒茄子的油炒洋蔥至軟化，然後加入芹菜、芹菜葉、橄欖、番茄和酸豆，炒 10 分鐘至芹菜軟化。加入茄子，續炒 10 分鐘。加糖和紅酒醋，再煮 5 分鐘。加入羅勒葉，以鹽和胡椒調味。

同一時間，用加鹽水煮麵 12 至 14 分鐘，煮至有彈牙口感。把水濾掉，把麵加入燉菜內，淋上特級初榨橄欖油，盛盤後以羅勒葉裝飾。

鋸齒麵佐羅馬花椰菜與鯷魚醬

Mafalde con Broccolo Romanesco e Acciughe

鋸齒麵是約寬 3 公分的帶狀麵，麵條一側或兩側有鋸齒狀波浪紋，容易沾附醬汁。羅馬花椰菜是花椰菜家族的一份子，但整顆都是綠色的，樣子介於白花椰菜和綠花椰菜之間，口感比較類似白花椰菜。羅馬人幾乎什麼菜都會加鯷魚，尤其是以醃漬魚為主的醬料，更適合鯷魚。

拉吉歐大區

4 人份

乾燥鋸齒麵 350 克
現磨佩克里諾起司 60 克
鹽和胡椒適量

醬汁
羅馬花椰菜 800 克，切小株
橄欖油 6 大匙
大蒜 3 瓣，去皮切碎
辣椒末 1 茶匙
油漬鯷魚 10 片
檸檬皮屑 1 顆的量

先在加鹽的水裡煮羅馬花椰菜，約 6 至 8 分鐘煮軟，煮好後把水濾掉。

在加鹽的水裡煮義大利麵，約 12 分鐘至彈牙口感，留下一些煮麵水，其餘濾掉。

用油爆香大蒜和辣椒 4 分鐘，加入鯷魚、檸檬皮和幾大匙煮麵水。加入羅馬花椰菜，比較大的幾株稍微壓扁。醬汁的質地應該稍微帶點水份，視情況再多加一點煮麵水。加入黑胡椒，鹽的話要嘗過再決定加入的量，因為鯷魚已經非常鹹了。

把麵和醬汁拌勻，撒上佩克里諾起司，趁熱食用。

其他做法

鋸齒麵可以換成寬帶麵或大的寬扁麵。

全麥義大利麵佐
蔬菜醬汁

Pasta Integrale con Salsa di Vegetali

4 人份

乾燥全麥圓直麵 300 克
鹽和胡椒適量
羅勒葉 2 大匙，撕碎
現磨帕瑪森起司 60 克

醬汁
橄欖油 6 大匙
洋蔥 2 顆，去皮切片
大蒜 4 瓣，去皮切碎
中型紅蘿蔔 2 根，削皮切碎
芹菜莖 3 根，切碎
中型番茄 4 顆，切碎

醬汁：熱油鍋，把所有蔬菜炒至軟化，過程約 10 分鐘。

在加鹽的水裡煮麵 8 至 10 分鐘（依照包裝上指示），或是煮至彈牙口感。額外留下一些煮麵水，其餘濾乾。把麵和醬汁拌勻，用鹽和胡椒調味。加入羅勒葉，有需要的話再加入一點煮麵水。撒上帕瑪森起司後，趁熱食用。

螺紋粗管麵佐洋蔥、
鯷魚、辣椒醬汁

Tortiglioni con Cipolla,
Acciughe e Peperoncino

4 人份

乾燥螺紋粗管麵 300 克
鹽和胡椒適量
現磨奶酪起司 50 克

醬汁
橄欖油 6 大匙
洋蔥 1 顆，去皮切片
辣椒 1 根，切碎
油漬鯷魚 10 片

熱油鍋，炒洋蔥和辣椒，約 10 至 12 分鐘，接著加入 2 大匙的水和鯷魚，攪拌後鯷魚肉很快就會分解。

在加鹽的水裡煮螺紋粗管麵 8 至 9 分鐘，或煮成彈牙口感。把水濾乾，麵與醬汁拌勻，以鹽和胡椒調味，撒上起司後趁熱食用。

其他做法

這種醬汁有卡拉布里亞大區和西西里島傳統的強烈風味，非常適合搭配無麩質筆尖麵，或是粗直麵。

薩丁尼亞麵疙瘩佐朝鮮薊與菊芋醬汁

Gnocchetti Sardi con Carciofi e Topinambur

雖然這裡使用的是薩丁尼亞麵疙瘩，但其實每到冬末早春朝鮮薊盛產時，全國各地的義大利人都會做這種醬汁。菊芋是秋季的食物，不過因為是根莖類，所以保存整個冬季不是問題。義大利人都喜歡吃朝鮮薊，尤其是托斯卡尼、拉吉歐大區，以及薩丁尼亞在內整個南部的義大利人。皮埃蒙特人還特別喜歡把朝鮮薊加入鯷魚和大蒜做成的沾醬裡（本頁成品照片請參見第 83 頁）。

薩丁尼亞

4 人份

乾燥薩丁尼亞麵疙瘩（手做或機器產的都可以）400 克
鹽和胡椒適量
番紅花少許，放在湯匙上用爐火烤至酥脆，也可用小棉袋裝的番紅花粉代替
現磨陳年帕瑪森或佩克里諾起司 60 克

醬汁
極小型朝鮮薊 8 顆
檸檬汁 1 顆
菊芋 300 克
橄欖油 5 大匙
小型洋蔥 1 顆，去皮切片
冷凍豌豆 100 克
巴西里末 3 大匙
白酒 100 毫升

找一把利刀把朝鮮薊削至剩下嫩葉包裹的部份。首先切掉上部，盡可能把葉子剃乾淨，剩下內芯。把內芯切半，用刀子或湯匙把中央毛毛的部份挖掉，然後把剩下的部份切片，再放入加了檸檬汁的水裡，避免氧化。把菊芋削皮，再切小塊，也加進檸檬汁裡。

醬汁：熱油鍋炒洋蔥至軟化，把朝鮮薊和菊芋瀝乾，加進鍋裡，菊芋炒約 8 分鐘之後會變軟變黏。加入豌豆和巴西里，還有白酒和 50 至 100 毫升的水，注意醬汁不能太稠。

同一時間，在加鹽的水裡煮麵 10 至 12 分鐘或煮成彈牙口感，留下一點煮麵水，其餘瀝乾。把番紅花加進煮麵水裡，和麵拌勻，麵會變成黃色。把麵和番紅花水一起倒入醬汁裡，調味後拌勻。可以分裝在每個人碗裡，或是裝在大盤子上讓大家自行盛用，最後撒上起司。

其他做法

我常用這種醬汁搭配薩丁尼亞麵疙瘩，然而配上新鮮或乾燥的雞蛋寬扁麵、亂切麵、貓耳朵麵、寬帶麵也很美味。

小筆尖麵
佐黑胡椒與起司醬

Pennette Cacio e Pepe

4 人份

拉吉歐大區

乾燥小筆尖麵 350 克
鹽與現磨黑胡椒
現磨帕瑪森起司或佩克里諾起司 100 克

醬汁
現磨帕瑪森起司 100 克
瑞可達起司 200 克
橄欖油 6 大匙

在加鹽的水裡，煮麵 6 至 8 分鐘，或煮成彈牙口感。留下一些煮麵水，其他濾掉。

把兩種起司和橄欖油與義大利麵拌勻，最後加一點煮麵水。撒上現磨黑胡椒與更多帕瑪森起司後，即可食用。

其他做法

這種在拉吉歐大區非常普遍的菜色，不只能用各種大小的筆尖麵，而且其他形狀的麵也適合。我上一次吃這道麵，是在拍攝《貪嘴義大利》(Two Greedy Italians) 第二季某集舉辦義大利麵大胃王比賽的時候。比賽規則是誰能在一小時內吃下最多的麵，我擔任裁判，看到十位大胃王塞下那麼多義大利麵，真是瞠目結舌。

螺旋麵
佐熱那亞洋蔥番茄醬汁

Pasta e Patate

4 人份

利古里亞大區

乾燥螺旋麵 500 克
鹽和胡椒適量
現磨帕瑪森起司 50 克（可省略）
特級初榨橄欖油

醬汁
橄欖油 50 毫升
白洋蔥 750 克，去皮切片
罐頭碎番茄 800 克
番茄糊 1 大匙

小火炒洋蔥，炒 20 分鐘左右洋蔥會變透明，然後加入番茄和番茄糊、鹽、胡椒，繼續以小火煮 15 分鐘。

在加鹽的水裡煮麵 8 至 9 分鐘，或煮成彈牙口感。把水濾掉，麵和醬汁拌勻。最後可撒上一點帕瑪森起司，淋上特級初榨橄欖油。

經典圓直麵佐大蒜辣椒橄欖油醬

Spaghetti Aglio, Olio e Peperoncino

這道是最廣為人知的美味速食，任何時間都可享用，就連半夜有點餓的時候都可以當宵夜。你可以依喜好加點油漬醍魚或鹹的鰛魚露都行（鰛魚露有點像古羅馬時代的魚醬）。每個義大利人都知道這道麵食，據說這道麵食有催情效果。

4 人份

中等粗度乾燥圓直麵 450 克
鹽

醬汁
橄欖油 60 毫升
大蒜 6 瓣，去皮切碎
辣椒 1 根，切碎
油漬鰛魚 4 片，或鰛魚露 1 茶匙（可省略）

在加鹽的水裡煮麵 5 至 6 分鐘，或煮成彈牙口感。

同一時間，用油小火爆香大蒜和辣椒，不要把它們煎焦了。加入鰛魚，讓魚片在油裡分解，也可改滴點鰛魚露。這道醬汁不需 5 分鐘就可完成。

把煮好的麵用夾子夾出，與醬汁混合。我不會再加香草或起司，不過如果你真的想要，也可以加。

菠菜丸大筆尖麵佐西葫蘆醬

Pennoni Giardiniera

我一定得把這一道加入食譜裡，因為這道麵食愈來愈受歡迎，至少在我的餐廳是如此。幾年前餐廳有位員工問我能不能做出素食義大利麵，我立刻走進廚房，找到許多西葫蘆和菠菜，再搭配大筆尖麵（一種來自普利亞大區的大管狀麵）。從那天起，這道麵就一直放在餐廳菜單上，客人每點一次，我們就捐出五十元給慈善機構。這個活動非常成功，八年來已捐出將近百萬元！

4 人份

乾燥大筆尖麵 300 克
鹽和胡椒適量
現磨帕瑪森起司 40 克

菠菜丸
小菠菜葉 600 克
中型雞蛋 2 顆，打散
大蒜 1 瓣，去皮壓碎
肉豆蔻粉極少量（大約刀尖的量即可）
麵包粉 50 克
現磨帕瑪森起司 20 克
橄欖油

醬汁
橄欖油 4 大匙
大蒜 1 瓣，去皮切碎
辣椒 1 根，切碎（不要選太辣的）
西葫蘆 300 克，削成簽狀

首先要準備菠菜丸。先把菠菜葉放入鹽水裡煮幾分鐘，然後撈起冷卻。把水份擠乾，用刀子把菠菜切碎（但不要太細碎），接著和蛋液、大蒜、肉豆蔻、麵包粉、帕瑪森起司混合均勻，揉成核桃大小的丸狀。用一點橄欖油煎丸子，丸子都煎成棕色後起鍋，放一旁備用。

在加鹽的水裡煮麵，12 至 15 分鐘，或煮成彈牙口感，然後把水濾掉（大筆尖麵需要煮久一點）。

同一時間準備醬汁，在鍋裡加入橄欖油，再加入大蒜、辣椒、西葫蘆，炒約 3 至 4 分鐘後，加鹽和胡椒調味。

把麵加入醬汁拌勻，再盛入溫熱過的盤子。最後撒上帕瑪森起司，擺上 4 到 5 顆菠菜丸。

其他做法
可以用水管麵（paccheri）或波紋水管麵（rigatoni）取代大筆尖麵。

通心粉佐蘆筍、洋蔥、豌豆、蠶豆醬

Maccheroncini con Frittedda

蠶豆燉菜（frittedda）是西西里首府巴勒摩（Palermo）的特別菜餚，春季會用來搭配炸鷹嘴豆餅食用。我也喜歡用來搭配義大利麵，並且加一些朝鮮薊切片一起煮。謹以這道麵食獻給西西里島——第一個把義大利麵從阿拉伯世界帶進這個國家的地方，當時第一個傳入的麵食很可能就是通心粉。

西西里

4 人份

乾燥通心粉 350 克
現磨帕瑪森起司 50 克
鹽和胡椒適量

醬汁
特級初榨橄欖油 60 毫升
洋蔥 2 顆，去皮切片
蠶豆 150 克（去除豆莢和外皮後的淨重）
甜豌豆 150 克（去除豆莢後的淨重）
蘆筍尖 300 克
巴西里末 2 大匙

把大部份的油倒入鍋裡，再加入洋蔥炒 6 至 8 分鐘變軟。加入蠶豆、豌豆、蘆筍尖，以及 100 毫升的水，燉煮 10 分鐘至蔬菜變軟。加鹽和胡椒調味。

在鹽水裡煮麵 6 至 7 分鐘，或煮成彈牙口感。把水濾乾，將麵與醬汁拌勻。加入巴西里，盛入 4 個溫熱過的盤子，然後撒上帕瑪森起司，淋上剩下的特級初榨橄欖油，趁熱食用。

<u>其他做法</u>
這個醬汁也適合搭配含蛋寬扁麵或是細扁麵。

經典培根蛋麵

Spaghettoni alla Carbonara

這道麵的起源眾說紛紜，有<u>些</u>真實度很高，有<u>些</u>聽上去簡直不可思議。
然而從「carbonara」這個字可以推測，是和炭爐有關——麵上的黑胡椒粒
就是象徵炭灰。另外也可能和十九世紀初地下政治活動「Carbonari」有
關，據傳相關人士都會聚在存放煤炭的地窖裡會面。無論是哪一種，這
道麵確實和羅馬有關，而且一定會使用豬頰肉培根。請絕對要遵照指示
做法，否則最後你的蛋汁會變成炒蛋！另外也絕對不要加鮮奶油！

拉吉歐大區

4 人份

乾燥粗直麵（spaghettoni）500 克
鹽和胡椒適量

醬汁
橄欖油 50 毫升
義大利培根或豬頰肉培根，又或是油脂
　較多的巴馬火腿 100 克，切成小塊
中型全蛋 3 顆，外加蛋黃 3 顆，打散
現磨帕瑪森起司或佩克里諾起司 60 克
鹽和胡椒適量

把油倒入鍋內，煎培根或火腿 5 到 6 分鐘直至焦脆。把蛋液、
起司和大量現磨黑胡椒混合均勻。

接著，在加鹽的水裡煮麵 8 分鐘，或煮成彈牙口感。把麵夾
到已經離火的培根鍋裡，與培根和油脂拌勻。麵要稍微涼一
點，才能拌入起司蛋液，才能讓每一根麵條裹上蛋液，又不
會結塊。撒上更多現磨黑胡椒後食用。

其他做法

幾年前麥可·帕林（Michael Palin）給我一罐
罐頭午餐肉，背面寫了午餐肉蛋麵的做法！我
覺得非常有趣，但從沒嘗試過。不過我倒是有
用血腸做出蘇格蘭版本的蛋麵。我用斯托諾韋
（Stornoway）的獨特血腸取代豬頰肉培根，
非常美味，你也可以試試。

筆尖麵佐卡拉布里亞辣醬

Penne all'Arrabbiata Calabrese

來自義大利兩個地方的人非常喜歡辣醬，在當地許多菜餚都會使用：一是阿布魯佐大區（Abruzzi），另外是卡拉布里亞大區（Calabria）。辣醬筆尖麵在世界各地都非常有名，但有時會有人加了鮮奶油，這實在錯得離譜！醬汁基本上是以大蒜、番茄和辣椒煮成，但是卡拉布里亞大區的居民還會使用辣香腸（'nduja），這種香腸用豬腰肉或頭部肉的脂肪混合烤紅辣椒製作而成，肉質濕潤，外型看起來像是加大版的薩拉米香腸。卡拉布里亞人會用辣香腸塗抹各種食物，或是加在肉食和義大利麵醬汁裡。辣香腸的起源及名字可能來自法國的內臟香腸（andouille），其在十二世紀安茹帝國時期傳入義大利。「arrabbiata」這個字在義大利文裡代表「憤怒」，如果你嫌辣醬不夠辣，就讓它再憤怒一點就行！

4 人份

乾燥尖筆麵 400 克
鹽和胡椒適量
現磨佩克里諾起司或奶酪起司 80 克（可省略）

醬汁
橄欖油 50 毫升
大蒜 3 瓣，去皮切片
辣香腸（有些義大利食品行有販售）或辣椒末拌上豬油和番茄糊取代，需要 60 克
罐頭碎番茄 400 克

在鍋裡倒入橄欖油，加入所有大蒜和辣香腸，稍微炒一下，再加入番茄，煮 10 分鐘稍微收乾，即為美味醬汁。

在加鹽的水裡煮麵 8 分鐘，或煮成彈牙口感。把水濾掉，麵放入醬汁裡拌勻，再盛入溫熱過的盤子。如果你喜歡起司，可以撒一些在上面，不過我個人覺得不必加起司。

其他做法

可以使用無麩質筆尖麵。如果你想換成通心粉或小型通心粉，或者你就是喜歡圓直麵，其實都很適合。

鋸齒麵佐羔羊肉醬

Mafalde al Ragù di Agnello

幾年前我在巴西利卡塔大區（Basilicata）拍攝電視節目時，走進一家香氣四溢的餐廳，發現他們廚房裡正在煮羔羊肉醬。我點了一盤手捲麵佐羔羊肉醬，直到今日我還能回想起那美好的滋味。手捲麵是用粗粒杜蘭小麥粉和水製成，將麵皮捲在編織棒針之類的工具形成捲曲的麵條，這種麵很難在一般商店買到，所以我換成了兩側都有波浪紋的鋸齒麵。這道麵的靈感來自義大利南方的巴西利卡塔和普利亞大區。

4 人份

乾燥鋸齒麵或是形狀類似的麵 500 克
現磨佩克里諾起司或帕瑪森起司 60 克
鹽和胡椒適量

醬汁
橄欖油 60 毫升
洋蔥 2 顆，去皮切片
辣椒 1 小根，切小塊
紅蘿蔔 1 根，削皮切小塊
芹菜莖 1 根，切小塊
月桂葉 4 片
整塊羔羊肩肉，切塊
茴香豬肉香腸 2 條，切塊
烈紅酒 200 毫升
熟番茄 1 公斤，或等量罐頭碎番茄
番茄糊 2 大匙

把油倒入鍋內，加入洋蔥炒 8 分鐘，讓洋蔥變軟。加入辣椒、紅蘿蔔、芹菜、月桂葉，續炒 5 分鐘。接著加入羔羊肉和香腸，不停拌炒 5 分鐘，直至肉變色。加入紅酒煮滾後，讓酒精揮發 2 分鐘。加入番茄和番茄糊，有需要的話再加一點水，蓋上鍋蓋，燉煮 1 個半小時，然後打開鍋蓋，持續攪拌。加入鹽和胡椒調味，再煮 20 分鐘，醬汁便完成。此時應該會有許多油脂浮在表面，用廚房紙巾蓋在上頭幾秒鐘，再把紙巾拿起丟掉，就可去除大部份油脂。

在加鹽的水裡煮麵 12 分鐘，或煮成彈牙口感。把水濾掉，麵放入醬汁裡拌勻，盛入溫熱過的盤子，擺上羊肉和一塊香腸。最後撒上佩克里諾起司（你想要帕瑪森起司也行），配上普利亞大區產的紅酒一同享用。

其他做法

麵可以替換成螺旋麵，或甚至水管麵。醬汁加了茴香豬肉香腸會更美味，一些食品行可以買得到。

水管麵佐那不勒斯牛肉醬

Paccheri con Ragù alla Napoletana

坎帕尼亞大區（Campania）居民的家庭週日午餐，絕對會配上那不勒斯牛肉醬。這種肉醬可能是源自法國的燉肉，但有些不同（法國更像是燉肉而非醬汁）。那不勒斯人改良創造出自己的著名餐點，它不僅僅是一種義大利麵的醬汁，甚至能當作完整的一道菜食用。那不勒斯人對於用來做牛肉捲的肉非常挑剔，只選用牛臀肉。

4 人份

乾燥水管麵 400 克
現磨帕瑪森起司 60 克
鹽和胡椒適量

牛肉捲
牛臀肉 4 大片
巴西里末 2 大匙
葡萄乾 1 大匙
大蒜 1 瓣，去皮壓碎
現磨帕瑪森起司 20 克
松子 1 大匙

醬汁
橄欖油 60 毫升
洋蔥 1 顆，去皮切片
不甜白酒 50 毫升
罐頭碎番茄 800 克
番茄糊 2 大匙

其他做法

你可以用波紋水管麵、細麵、螺旋麵或通心粉取代水管麵。

牛肉捲：把牛肉片平鋪在砧板上。拿一個碗，把巴西里、葡萄乾、大蒜、帕瑪森起司、松子、鹽和胡椒拌勻，分成 4 等份，撒在 4 片牛肉上。把牛肉片捲起來並用牙籤固定，或用繩子綁住。

醬汁：把油倒入鍋裡，炒洋蔥 4 至 5 分鐘。加入牛肉捲，把每一面煎成棕色。加入白酒，讓酒精揮發幾分鐘，再加入番茄和番茄糊，攪拌均勻，先蓋上鍋蓋煮滾，再轉小火，這時有需要的話可以加一點水。打開鍋蓋煮 1 個半小時，把牛肉捲煮軟。時不時要把牛肉捲翻面，攪拌一下醬汁，最後以鹽和胡椒調味。

在加鹽的水裡煮麵 10 分鐘，或煮成彈牙口感。把水濾掉，麵與醬汁拌勻。盛盤後淋上一些醬汁，撒上帕瑪森起司後即可上菜。牛肉捲要另外盛盤，也可以切片後再端上餐桌。如此，坎帕尼亞風的午餐就完成囉！

中粗吉他麵佐鵪鶉醬

Ciriole con Ragù di Quaglie

這道醬汁大概是所有肉醬裡口感最溫和的,而且因鵪鶉肉質軟嫩,所以烹煮時間也是最短的。中粗吉他麵(ciriole)來自溫布利亞(Umbria)與托斯卡尼大區,麵條含蛋,既能手做也能買到乾燥的。吉他麵得用一種特殊工具製成,這個工具是一個木盒,上面綁了許多條金屬線,長得像吉他一樣,把義大利麵團放在上頭,再用桿麵棍桿過,麵團就會被金屬線切成方形長條狀,這種形狀的麵條吃起來會有獨特的口感。

4 人份

新鮮或乾燥中粗吉他麵 400 克
現磨帕瑪森起司 60 克
鹽和胡椒適量

醬汁
橄欖油 60 毫升
鵪鶉 4 隻(鴿子或其他小型鳥類也行),
　　清理乾淨並保留內臟
紅蔥 4 顆,去皮切細絲
不甜白酒 100 毫升
小番茄 400 克,切半
番茄糊 2 大匙,加一點水稀釋
肉豆蔻粉 1 小撮
巴西里末 2 大匙,另準備一點拿來裝飾

在鍋裡倒油,放入鵪鶉和其內臟,煎至棕色。加入紅蔥,炒 5 分鐘至軟化。加白酒攪拌,讓酒精揮發 2 分鐘。加入小番茄和稀釋番茄糊,中火煮 35 分鐘(不蓋鍋蓋),不時攪拌一下,煮至番茄分解成泥狀,此時灑上肉豆蔻。稍微放涼後把鵪鶉取出,完全去骨,把肉和內臟切碎重新放回鍋內。加巴西里,以鹽和胡椒調味。

在加鹽的水裡煮麵(乾燥)8 至 10 分鐘,或煮成彈牙口感。新鮮的麵則煮 4 至 5 分鐘即可。濾掉水後,與醬汁拌勻,再盛入溫熱過的盤子,淋上更多醬汁,撒上帕瑪森起司,以及少許巴西里。

其他做法

吉他麵可以用圓粗麵(bigoli)代替。鵪鶉可以換成雉雞、鴨肉或其他野生鳥類。

托斯卡尼圓粗麵佐野豬肉醬

Pinci con Ragù di Cinghiale

托斯卡尼大區與溫布利亞大區

義大利人喜歡吃野味，你在這個國家可以吃到用鹿肉、雉雞、野兔及其他獵到的動物或鳥類煮成的肉醬。這些肉醬的做法，永遠都是把肉加入醬汁裡慢慢燉煮，萃取肉類和蔬菜的完整精華。托斯卡尼圓粗麵（pinci）是溫布利亞大區典型的麵食，使用一半義大利零零號麵粉，一半粗粒杜蘭小麥粉，加水手揉成麵團，做好的麵條像是較粗短的圓直麵。這種麵條長約 20 公分，全都是手工製。這道麵食源自溫布利亞及托斯卡尼大區。

4 人份

乾燥托斯卡尼圓粗麵 400 克
鹽和胡椒適量
現磨帕瑪森起司 80 克

醬汁
橄欖油 60 毫升
洋蔥 2 顆，去皮切片
紅蘿蔔 1 根，削皮切小塊
芹菜莖 1 根，切小塊
野豬絞肉 600 克
紅酒 50 毫升
罐頭碎番茄 800 克
番茄糊 1 大匙
肉豆蔻粉 1 茶匙
月桂葉 6 片

肉醬最一開始的做法，永遠是把油倒進鍋內，然後加入洋蔥、紅蘿蔔、芹菜，拌炒 5 分鐘至蔬菜軟化。接著根據這份食譜，你需要加入野豬絞肉，炒至棕色再加紅酒。攪拌幾分鐘，讓酒精揮發，然後加入碎番茄、番茄糊、肉豆蔻、月桂葉，慢燉 1 個半小時，不蓋鍋蓋，有需要的話再多加一點水。時不時攪拌一下，肉醬收乾後，以鹽和胡椒調味。

在加鹽的水裡煮麵 8 至 9 分鐘，或煮成彈牙口感。濾掉水後，與一小部份醬汁拌勻，盛盤後再淋上更多醬汁，撒上帕瑪森起司上桌。

其他做法

麵可以換成螺旋長麵（fusilli lunghi）、水管麵、寬波浪麵。至於醬汁，你可以用相同方式煮兔肉、野兔或鹿肉。

寬帶麵佐羔羊內臟醬汁

Pappardelle con Ragù Soffritto

這是專為愛吃內臟的人設計的麵，使用義大利人所謂的動物「污穢區」。我的母親會把動物內臟冷凍保存，之後再退冰加進湯裡，把小部份內臟加入高湯裡加熱，然後在湯碗裡放一片烤過的鄉村麵包，再把湯汁淋上去，美味極了。不過在這裡，我用內臟來做醬汁，所有嘗過的人都說超級好吃！你必須事先向肉販訂購內臟，這道麵食要用到羔羊所有的內臟，包括肺、腎、肝、心，把它們切成小塊。不能吃的部位，例如氣管和一些脂肪請丟棄。事前準備步驟得花點時間，不過最後煮好的滋味絕對值得。

4 人份

乾燥寬帶麵 400 克
鹽和胡椒適量
現磨帕瑪森起司 60 克（可省略）

醬汁
純豬油 100 克
橄欖油 60 毫升
大蒜 4 瓣，去皮切碎
辣椒 3 根，切碎
羔羊內臟（肝、肺、心、腎）2 公斤，切
　　極小塊
紅酒 60 毫升
罐頭碎番茄 400 克
番茄糊 200 克
牛或雞高湯 100 毫升（參見第 47 或 55 頁）
月桂葉 10 片

把豬油和橄欖油放入鍋裡加熱，放入大蒜和辣椒，炒幾分鐘。加入所有羔羊內臟，炒 5 分鐘。倒入紅酒，讓酒精揮發 2 分鐘。加入碎番茄和番茄糊，以及高湯和月桂葉，熬煮 40 分鐘。最後以鹽和胡椒調味。

在加鹽的水裡煮麵 5 至 6 分鐘，或煮成彈牙口感。濾掉水後，與一些醬汁拌勻。盛入溫熱過的盤子後，在中央淋上更多醬汁，再隨自己喜好撒帕瑪森起司。太美味了！

其他做法

可以用帽子麵代替餛飩。最後也可撒上巴西里、細香蔥或是芹菜葉。

寬波浪麵佐番茄、培根、橄欖、佩克里諾起司醬

Tripoline all'Amatriciana

4 人份

拉吉歐大區

乾燥寬波浪麵 380 克
鹽適量
現磨陳年辛辣佩克里諾起司 60 克

醬汁
特級初榨橄欖油 60 毫升
豬頰肉培根或義大利培根 85 克，切小條
辣椒 1 小根，喜歡吃辣一點的可以把辣椒切碎
洋蔥 1 顆，去皮切薄片
熟成的聖馬爾扎諾番茄（San Marzano）或李子番茄
　　500 克，每顆切成 8 塊
黑橄欖 10 顆，去核

在鍋裡倒油，中火把豬頰肉培根煎至棕色。加入辣椒和洋蔥，炒 8 分鐘至軟化。加入番茄和橄欖，以鹽調味，煮 10 分鐘即完成。

同一時間，在加鹽的水裡煮麵 7 至 9 分鐘，或煮成彈牙口感。濾掉水後，與醬汁拌勻。分盤後撒上起司，趁熱食用。

其他做法
這道深受大眾喜愛的羅馬麵食，除了寬波浪麵以外，你也可以用吸管麵、圓直麵或細麵。

法式寬扁麵佐波隆那肉醬

Tagliatelle Fresche con Ragù alla Bolognese

4 人份

艾米利亞—羅馬涅大區

新鮮寬扁蛋麵 450 克（參見第 29 和 33 頁）或是乾燥
寬扁蛋麵 400 克
鹽和胡椒適量
現磨帕瑪森起司 100 克

醬汁
橄欖油 80 毫升
洋蔥 1 顆，去皮切碎
豬絞肉（瘦肉）500 克
小牛絞肉 500 克
不甜白酒 150 毫升
罐頭碎番茄或新鮮去皮番茄（切 4 等份）1 公斤
番茄糊 4 大匙

在鍋裡倒油，放入洋蔥炒幾分鐘至變軟，並稍微呈現棕色。把兩種絞肉放入，炒 6 至 8 分鐘至變色。加入白酒，讓酒精揮發 2 分鐘。加入番茄和番茄糊，燉煮 1 個半小時（不蓋鍋蓋），時不時攪拌，以免黏鍋。最後以鹽和胡椒調味。

在加鹽的水裡煮麵 4 至 5 分鐘，或煮成彈牙口感（乾燥麵需要煮更久一點）。濾掉水後，與一部份醬汁拌勻，盛上溫熱盤子後，再淋一匙醬汁，撒上帕瑪森起司。

其他做法
除了洋蔥以外，你也可以在基本醬汁裡加入紅蘿蔔和芹菜。但是絕對不要加入香草類或是大蒜──這個醬汁應該要簡簡單單，不需要特殊的香料，只要有肉的原汁原味就夠。

檸檬小寬扁麵佐雞肉丸
Tagliolini al Limone con Gnocchi di Pollo

皮埃蒙特大區

這道麵是由雞肉丸義大利湯麵變化而來。義大利菜的所有食材都可以有不同用法，這一道混合式麵食就相當有義大利風格，簡單又滋味豐富，很吸引義大利人的胃口。此麵食靈感來自北方的皮埃蒙特大區。

4 人份

小寬扁麵 250 克（新鮮的最好）
鹽和胡椒適量
現磨帕瑪森起司 60 克

雞肉丸
雞絞肉 350 克
中型雞蛋 2 顆，打散
麵包粉 2 大匙
大蒜 1 瓣，去皮壓碎
巴西里末 2 大匙
羅勒葉 6 片，撕碎
現磨肉豆蔻粉少許
橄欖油 60 毫升
檸檬皮屑 1 顆，檸檬汁 1/2 顆

雞肉丸：把雞絞肉和蛋液、麵包粉、大蒜、巴西里、羅勒、肉豆蔻粉混合均勻，以 2 茶匙的量搓成丸狀，接著油煎至整顆呈棕色。把檸檬皮屑和檸檬汁加進油鍋裡，稍微加熱。

新鮮的麵條在加鹽的水裡煮 5 分鐘，或煮成彈牙口感。保留一點煮麵水，其餘濾掉，把麵和雞肉丸、檸檬醬汁拌勻。最後加入保留的煮麵水，攪拌均勻，撒上帕瑪森起司即可。

其他做法
除了小寬扁麵以外，你也可以用天使麵或闊條麵（fettucce）。

斯佩爾特小麥圓直麵佐香腸醬

Spaghetti di Farro con Luganega

倫巴底大區、托斯卡尼大區與溫布利亞大區

斯佩爾特小麥（spelt）在義大利較常稱作二粒小麥（farro），事實上，英語裡的「emmer」和「farro」是相同的穀類（這跟解開義大利麵歷史一樣，想弄清楚穀類的歷史絕對是自討苦吃）。斯佩爾特小麥在很久以前就有人使用，因為其在義大利各區幾乎都能種植。不過今日只有托斯卡尼和溫布利亞大區還在使用，產量不多，多是用來做麵包和義大利麵（還有類似燉飯的料理）。無論是義大利麵或是麵包，用斯佩爾特小麥做出來的滋味就是與一般的小麥不同，不僅質地較粗，堅果味也更濃郁。斯佩爾特小麥義大利麵和希臘香腸（luganega）是很好的組合。

4 人份

乾燥斯佩爾特小麥義大利麵 350 克
鹽和胡椒適量
現磨佩克里諾起司 60 克

醬汁
乾燥牛肝菌 30 克，泡水備用
橄欖油 3 大匙
無鹽奶油 50 克
小洋蔥 1 顆，去皮切碎
辣椒 1/2 根，切碎
希臘香腸 250 克，去除腸衣，把肉壓碎
白酒 100 毫升
番茄糊 2 大匙，以 2 大匙水稀釋
迷迭香葉 1 大匙

把乾燥牛肝菌泡熱水 20 分鐘，然後擠乾水，切片。泡的香菇水不要倒掉。

把橄欖油和奶油放入鍋內，炒洋蔥和辣椒。把壓碎的香腸和牛肝菌放入，炒 8 至 10 分鐘。加入白酒，讓酒精揮發 2 分鐘。接著把番茄和迷迭香加進來，用小火續煮 10 分鐘。如果醬汁偏乾，可以加入一點香菇水。最後以鹽和胡椒調味。

同一時間，在加鹽的水裡煮麵 10 至 15 分鐘，或煮成彈牙口感（依照包裝指示）。把水濾掉後，與醬汁拌勻，盛入溫熱過的盤子，撒上起司即可食用。

其他做法

這種醬汁可以搭配圓直麵或任何長麵，甚至是筆尖麵。如果保留大塊香腸肉的話，適合搭配玉米糕（polenta）。

粗直麵佐茄子肉丸

Spaghettoni con Polpette di Carne e Melanzane

大家都知道義大利麵非常適合需要肌耐力的運動員，尤其是在馬拉松之類的運動前食用，因為義大利麵消化慢，能量可以在體內緩緩釋放很長一段時間。這道麵食是我為了打橄欖球的朋友們設計的，最近義大利隊贏了法國隊，就是這道麵食適合運動員的最佳證明。（要是我小時候就接觸到橄欖球，我肯定會很投入這項運動的。）

6 人大份量

乾燥粗直麵 600 克
現磨帕瑪森起司 30 克
鹽和胡椒適量

醬汁
橄欖油 50 毫升
洋蔥 1 顆，去皮切細碎
不甜白酒 100 毫升
番茄糊 2 大匙
番茄醬 680 克
羅勒葉 10 片

肉丸
茄子 2 顆
橄欖油適量
牛絞肉（瘦肉）300 克
大蒜 1 瓣，去皮壓泥
現磨肉豆蔻粉 1/2 茶匙
現磨帕瑪森起司 50 克
中型雞蛋 1 顆，打散
麵包粉 100 克

烤箱預熱 180 度（瓦斯烤爐刻度 4）。把茄子放在耐熱盤上，淋上一些橄欖油，烤 30 分鐘。把烤好的茄子切半，挖出肉，把肉壓成泥狀，放一旁備用，皮則丟棄。

在鍋裡倒橄欖油，炒洋蔥 5 分鐘，軟化後加入白酒、番茄糊、番茄醬、羅勒葉，攪拌均勻，小火燉煮 30 至 40 分鐘。

同一時間，把牛絞肉、茄子肉、大蒜泥、肉豆蔻、帕瑪森起司、蛋液、麵包粉、鹽和胡椒混合均勻，一一搓成橄欖球形狀，大小約和一顆杏桃差不多。用另一個鍋子油煎肉丸，當每一面都呈棕色時即可丟入番茄醬汁裡。

在加鹽的水裡煮麵 8 分鐘，或煮成彈牙口感，把水濾掉。

把麵放入深盤裡，與部份醬汁拌勻，然後盛盤後淋上更多醬汁，最後撒上帕瑪森起司。

其他做法

這道麵適合配上一杯巴巴瑞斯科葡萄酒（Barbaresco）或經典奇揚地（Chianti Classico）——前提是運動員沒有緊接著要比賽。

薩丁尼亞麻花圈麵佐海鮮

Lorighittas ai Frutti di Mare

我在倫敦一家薩丁尼亞餐廳「Olivomare」第一次吃到這種麵，它是手工製的，形狀像編織成的圓圈，是視覺和味覺的雙重享受。你可以在優質的義大利食品行找到乾燥的麻花圈麵。此外，你可以選擇自己想要的海鮮來搭配，但絕對要非常新鮮。

薩丁尼亞

4 人份

乾燥麻花圈 400 克
鹽和胡椒適量
羅勒葉 4 至 6 片，裝飾用

醬汁
橄欖油 60 毫升
大蒜 2 瓣，去皮切碎
小番茄 10 顆，切半
不甜白酒 40 毫升
綜合海鮮淨重 1 公斤（例如蛤蜊、淡菜、
　　扇貝、明蝦、小章魚、小花枝圈）
羅勒葉 10 片

在鍋裡倒油，加入大蒜稍微炒一下，再放入小番茄和白酒，煮 10 分鐘至番茄軟化。加入清理乾淨的蛤蜊和淡菜，蓋上鍋蓋蒸煮 3 至 4 分鐘。加入其他海鮮和羅勒葉，煮滾後以小火燉 3 至 4 分鐘。

同一時間，在加鹽的水裡煮麵 10 分鐘，或煮成彈牙口感。把水濾掉，與醬汁拌勻，最後擺上羅勒葉，撒上黑胡椒。

其他做法
可以用螺旋麵或任何螺旋狀的麵，取代麻花圈麵。

蝴蝶麵佐蜘蛛蟹與小明蝦

Farfalle con Grancevola e Gamberetti

把蜘蛛蟹的肉全部取出需要花一番功夫——你可以請魚販幫忙就好，他們比我們厲害多了！威尼斯潟湖有產蜘蛛蟹，不過北大西洋和北海捕到的更大隻，有時候在魚販可以找到，風味和口感絕佳。如果要搭配義大利麵，我認為還可以加一些其他食材，例如明蝦、香草、香料。

4 人份

乾燥中型蝴蝶麵 350 克
蒔蘿或巴西里 3 大匙，切碎

醬汁
蜘蛛蟹肉 250 克
小隻生明蝦 150 克
茄子 1 顆，去皮切片
鹽和胡椒適量
橄欖油 6 大匙
大蒜 1 瓣，去皮切碎
韭菜 150 克，切碎
茴香籽 1 大匙
白酒 50 毫升

請魚販幫你把煮好的蟹肉取出，或者買盒裝販售的蟹肉（但是要檢查新鮮度）。明蝦川燙 2 至 3 分鐘，然後濾掉水、剝殼。

在加鹽的水裡煮茄子 5 分鐘直至茄子軟化，然後壓成泥。在鍋子裡倒油，將大蒜和韭菜炒至軟化，不要炒到變棕色。加入茴香籽和茄子泥，炒 1 至 2 分鐘，再加入白酒混合均勻，續煮幾分鐘。加入蟹肉和明蝦，攪拌煮熟，最後以鹽和胡椒調味。

同一時間，在加鹽的水裡煮麵 8 至 9 分鐘，或煮成彈牙口感。濾掉水後，與醬汁拌勻，最後撒上蒔蘿和巴西里。

其他做法
你可以換成跟厚的蝴蝶麵完全相反的天使麵或細扁麵。如果買不到蜘蛛蟹，可以換成一般螃蟹，但最好同時有白肉和味道更強烈的棕肉。

墨魚吉他麵佐小墨魚與明蝦

Tonnarelli con Seppioline e Gamberetti

吉他麵（tonnarelli）是和寬扁麵（tagliatelle）一樣的長麵，不過麵體不是圓的而是方的（和吉他麵類似，參見第 104 頁）。麵條通常是一般麵團的顏色，不過也有加了墨魚汁的版本，請在優質的食品行買乾燥麵，如果買得到墨魚汁也可以自己做墨魚麵條。

馬凱大區與
阿布魯佐大區

4 人份

乾燥墨魚吉他麵 400 克，或是新鮮的 450 克（參見第 31 頁）
鹽和胡椒適量
巴西里末 2 大匙

醬汁
橄欖油 80 毫升
洋蔥 2 顆，去皮切片
白酒 30 毫升
小墨魚 300 克，清掉墨汁，切塊
小明蝦 200 克，剝殼

在鍋裡倒油，炒洋蔥 8 分鐘至軟化。加入白酒，讓酒精揮發 2 分鐘。加入墨魚塊和明蝦，煮 5 至 6 分鐘，最後以鹽和胡椒調味。

同一時間，在加鹽的水裡煮麵 6 分鐘，或煮成彈牙口感。濾掉水後，將麵與醬汁和巴西里拌勻，趁熱食用。

其他做法
可以用一般圓直麵或是墨魚圓直麵來取代吉他麵。

墨魚緞帶麵佐洋蔥鯷魚醬
Fettuccine Nere con Cipolle e Acciughe

4 人份

乾燥墨魚緞帶麵或圓直麵 400 克
鹽和胡椒適量

醬汁
橄欖油 80 毫升
洋蔥 500 克，去皮切片
辣椒 1 根，切碎
油漬鯷魚 10 片

把油倒入鍋裡，炒油蔥和辣椒幾分鐘，然後加 50 毫升的水幫助軟化。把蔬菜都炒軟後，加入鯷魚片，不時攪拌，煮到魚肉融在醬汁裡。

在加鹽的水裡煮麵 6 至 7 分鐘，或煮成彈牙口感。濾掉水後，與醬汁拌勻，加鹽和胡椒調味後，趁熱食用。

其他做法

威尼斯非常流行用墨魚汁做料理，威尼斯墨魚燉飯和墨魚寬扁麵，更是風靡全世界。你可以在好的食品行買到乾燥墨魚麵，但是最好的替代品其實是圓粗麵，配上醬汁後就成了經典的威尼斯麵食——洋蔥鯷魚麵。

細扁麵佐茴香明蝦醬
Linguine con Salsa di Finocchio e Gamberi

4 人份

乾燥細扁麵 400 克
鹽和胡椒適量
特級初榨橄欖油

醬汁
球莖茴香 1 公斤
橄欖油 60 毫升
紅蔥 2 顆，去皮切片
切碎蒔蘿葉 2 大匙
小隻去殼生明蝦 250 克

把球莖茴香洗淨，切成小塊。在鍋裡倒油，炒紅蔥 2 至 3 分鐘。加入球莖茴香，加水蓋過，煮 8 至 10 分鐘讓水收乾。加入蒔蘿、一些鹽、大量胡椒。加入已剝殼的生明蝦，煮 5 分鐘後醬汁即完成。

在加鹽的水裡煮麵 7 至 8 分鐘，或煮成彈牙口感。濾掉水後，與醬汁拌勻，最後淋上一點特級初榨橄欖油，趁熱食用。

其他做法

細扁麵和茴香都非常適合搭配海鮮，所以很難建議其他搭配法（對此我倒是很開心）。如果你家裡沒有細扁麵，可以使用天使麵、圓直麵，甚至是小寬扁麵。

佐醬義大利麵

紙包細麵佐綜合海鮮醬

Vermicelli e Gioielli di Mare in Cartoccio

我一直很好奇,為什麼有些餐廳會供應防熱紙或鋁箔紙包起來的義大利麵佐魚類醬汁,經過調查後我發現這不是為了視覺噱頭,而是為了讓麵和魚都能煮到最好吃的狀態。這種做法把滋味和香味全部濃縮在一起,一打開紙包,香氣佔領了嗅覺神經,你只聞得到令人心醉的氣味,當然前提是所有食材都非常新鮮。如果你買不到海松露——其實連義大利也很少見——可以改用蛤蜊,這些全都是海裡的珍寶。你還需要品質好的防熱紙或鋁箔紙。

4 人份

乾燥細麵或圓直麵 350 克
鹽和胡椒適量

醬汁
橄欖油 60 毫升
大蒜 2 瓣,去皮切片
辣椒 1 根,切碎
小番茄 250 克
不甜白酒 2 大匙
淡菜 300 克,清洗乾淨
海松露或蛤蜊 300 克,清洗乾淨
小花枝 200 克,身體切成圓圈
新鮮明蝦 200 克,去不去殼都可以
扇貝,去殼後的淨重 200 克
巴西里末 2 大匙

其他做法
麵可以用細扁麵代替,海鮮可以選自己喜歡或是容易買到的。

烤箱預熱 200 度(瓦斯烤爐刻度 6)。

在鍋裡倒油,炒大蒜和辣椒,然後加入小番茄和白酒煮幾分鐘。加入淡菜和海松露或蛤蜊,蓋上鍋蓋,等約 4 分鐘開殼。

在加鹽的水裡煮麵 6 至 8 分鐘,或煮成彈牙口感。同時,在醬汁裡加入花枝、明蝦、扇貝、巴西里,煮 3 至 4 分鐘。把濾水後的麵加入醬汁內拌勻,以鹽和胡椒調味。

用兩張防熱紙或一張鋁箔紙鋪在烤盤上,紙的大小約是 50 公分正方形。把麵和醬汁擺在紙中央,然後把紙折成洋蔥頂狀封好。

把放有紙包麵的烤盤放入烤箱,烤 5 至 6 分鐘,出爐後把紙包麵放在大盤子上,直接上桌,在賓客面前打開,再分別盛盤。

特飛麵佐烏魚子與蛤蜊

Trofie con Bottarga e Arselle

特飛麵是利古里亞大區的一種螺旋形短麵，通常都是手工現做現煮，但現在也能買到乾燥的。「arselle」或「vongole」是兩種在地產的蛤蜊，烏魚子則是薩丁尼亞或西西里島的烏魚（或鮪魚）乾燥鹽漬的卵，大部份優質熟食店都有販售。把義大利各區產的食材混搭一下很不錯，最後的結果依舊會充滿義大利風格！除此之外，特飛麵通常是搭配青醬食用。

利古里亞大區、薩丁尼亞與西西里

4 人份

乾燥特飛麵 400 克
鹽和胡椒適量
烏魚子 80 克，去掉外膜後切薄片

醬汁
特級初榨橄欖油 80 毫升
小洋蔥 1 顆，去皮切片
大蒜 1 瓣，去皮後加一撮鹽壓成蒜泥
小番茄 10 顆，切半
帶殼蛤蜊 1 公斤，清理乾淨
巴西里末 3 大匙

義大利麵煮的時間會比醬汁久，所以首先要煮麵。在加鹽的水裡煮特飛麵 12 至 14 分鐘，或煮成彈牙口感（如果是新鮮的麵，只需 4 至 5 分鐘）。

同一時間，在另一個鍋裡倒油，加入洋蔥和大蒜炒 1 分鐘。加入番茄和蛤蜊，蓋上鍋蓋幾分鐘，讓蛤蜊開殼。鍋子離火，冷卻到一定程度後，把一半的蛤蜊殼剝掉，肉放回醬汁繼續煮到番茄分解。加入巴西里，以鹽和胡椒調味。

麵煮好後濾掉水，再與醬汁拌勻。盛入溫熱過的盤子，撒上片薄的烏魚子，趁熱食用。

其他做法

特飛麵可以用手工或乾燥溝紋管麵代替，小船麵（cecatelli）也行。

墨魚天使麵佐兩種魚卵

Capelli d'Angelo Neri con Due Bottarghe

天使麵是最細的一種圓直麵,市售有一般或加了墨魚汁兩種,都是乾燥的。你也可以依照第 29 頁的步驟,自己做新鮮的天使麵。這裡用的兩種魚卵,分別是烏魚和鮪魚,鮪魚的可以磨碎,烏魚的則切片使用。魚卵可以幫義大利麵添加魚鮮的香氣,一嚐地中海的滋味。

西西里
薩丁尼亞與
馬卡大區、

4 人份

乾燥墨魚天使麵 350 克
鹽和胡椒適量
鮪魚卵 100 克

醬汁
橄欖油 50 毫升
大蒜 2 瓣,去皮切片
辣椒 1 小根,切碎
細香蔥末 1 大匙
辣油 1 大匙(可參考食譜自製)
烏魚子 100 克,去掉外膜後切薄片

在加鹽的水裡煮麵 2 至 4 分鐘,或煮成彈牙口感。

同一時間,在鍋裡倒油,炒大蒜、辣椒、細蔥幾分鐘,不要炒到變棕色。

麵煮好後濾掉水,與醬汁、辣油、烏魚子薄片拌勻。盛入溫熱過的盤子,撒上磨碎的鮪魚卵,立即食用。

辣油

如果你想自己做辣油的話,把幾根乾辣椒放入裝有一般橄欖油的瓶子內(不要用特級初榨橄欖油)浸泡一個月即可。絕對不要用新鮮辣椒,容易變質。

細圓直麵佐帽貝與海膽

Spaghettini ai Ricci di Mare e Patelle

我寫這道食譜時，心裡就清楚不是每個人都能料理，因為你得住在濱海地區方便買這些海鮮才行。不過對我而言，這是品嚐海鮮最美好的經驗，我已經享受過多次。你可以詢問熟識的魚販，也許他有辦法幫你張羅到這些海鮮，但千萬別使用罐頭食品。帽貝是一種角錐形的貝類，通常會附著在岩石上，海水退潮時就能捕到。海膽也是必須下海捕撈的食材，牠們不只會依附在岩石上，也會附著在淺海底。你需要很多顆海膽，因為海膽裡頭珊瑚色的卵巢其實不大。

4 人份

乾燥細圓直麵 400 克
鹽和胡椒適量

醬汁
40 顆海膽卵巢（你沒看錯就要這麼多！）
橄欖油 60 毫升
紅蔥 2 顆，去皮切碎
小番茄 10 顆，切半
帽貝 25 顆（用刀子把肉挖起，清洗乾淨）
細香蔥末 1 大匙

戴上手套，用堅固的剪刀或料理用剪刀，剪開海膽口，剝開來，小心把裡頭 5 個卵巢取下，不要壓到。黑色的部位以及汁液丟棄，處理好的海膽放一旁備用。

在鍋裡熱油，炒紅蔥 4 至 5 分鐘。加入番茄，煮 10 分鐘軟化。加入帽貝肉和細香蔥，小火煮 8 分鐘。

在加鹽的水裡煮麵 6 分鐘，或煮成彈牙口感。濾掉水，與醬汁拌勻，再用鹽和胡椒調味。盛盤後，每盤擺上 1/4 份海膽，食用時拌勻。海膽的香氣會在你口裡爆開，好好享受吧！

其他做法
細圓直麵可以用細扁麵代替。

波紋水管麵佐鮋魚

Rigatoni e Scorfano

地中海有兩種不同鮋魚，一種是黑色的體型較小，另一種紅色的長達
60公分。鮋魚長得很醜（「scorfano」的意思就是「醜」），其背鰭有毒刺，
一定要小心（請魚販幫你清除毒刺，並且去掉內臟），但肉質非常鮮美。

4 人份

乾燥波紋水管麵 400 克
鹽和胡椒適量

醬汁
橄欖油 60 毫升
大蒜 2 瓣，去皮切片
罐頭碎番茄 800 克
小黑鮋魚 8 隻，或大紅鮋魚 1 隻，約 1 公
　斤，清除內臟
巴西里末 2 大匙
羅勒葉 8 片

起油鍋，小火炒大蒜幾分鐘，不要炒到變棕色。加入番茄煮
滾。把魚放入番茄中，根據魚的大小，小火大概煮 20 至 30
分鐘。

把魚移到盤子上，把魚肉全部取下，小心刺。骨頭全丟棄。
把肉放回醬汁內加熱，再加入巴西里、羅勒、鹽和胡椒。

同一時間，在加鹽的水裡煮麵 10 至 12 分鐘，或煮成彈牙口
感。濾掉水後，與醬汁拌勻。盛入溫熱的盤子，立即食用。

其他做法

波紋水管麵可以用袖管麵（mezze
maniche）、水管麵，或其他大型短麵代替。
如果買不到鮋魚──確實很難買──可以用鯛
魚代替。

條紋通心麵佐伏特加煙燻鮭魚

Sedani con Vodka e Salmone Affumicato

我不想承認自己年紀大了，不過現在我要說個很久以前的回憶！喬治・亞羅（Giorgetto Giugiaro），義大利最著名的汽車設計師之一，一九八〇年代中期，我在 BBC 拍攝一個介紹義大利的節目時認識他。喬治為義大利麵公司 Voiello 設計了一款麵叫「marille」，設計的初衷是希望讓麵體沾取更多的醬汁，可惜已經停產。這道麵食是喬治在自己的辦公室煮給我吃的，用的是和「marille」很類似的條紋通心麵，外型就像有紋路的大水管。

4 人份

乾燥條紋通心麵 350 克
鹽和胡椒適量

醬汁
橄欖油 40 毫升
洋蔥 1 顆，去皮切片
罐頭碎番茄 750 克
羅勒葉 10 片，外加幾片裝飾用
伏特加 10 毫升
重乳脂鮮奶油 50 毫升
煙燻鮭魚 125 克，切條

起油鍋，炒洋蔥 5 分鐘至軟化。加入番茄、羅勒葉、伏特加，煮 15 至 20 分鐘。

同一時間，在加鹽的水裡煮麵 10 至 12 分鐘，或煮成彈牙口感。濾掉水後，把重乳脂鮮奶油加入醬汁內，與麵拌勻。盛入溫熱過的盤子後，在上方擺煙燻鮭魚，撒上鹽和胡椒，以撕碎的羅勒葉裝飾。

其他做法

麵可以換成波紋水管麵或手肘麵（gomiti）。

細扁麵佐咖哩紅鯔魚
Linguine con Triglie al Curry

紅鯔魚非常鮮美，但只有一個缺點——魚刺很多！不過鯔魚肉相當美味，值得一試，我向大家保證！如今義大利人開始嘗試不同香料，其中幾種常出現在義大利已被廣為接受的無國界料理中。（老實說這算是再次流行，因為義大利人在中世紀就曾大量使用香料。）目前最受歡迎的香料就是咖哩粉，只要別像印度料理那樣大量使用，加入一點點，就能讓菜餚增添新層次。

4 人份

乾燥細扁麵 400 克
鹽和大量胡椒

醬汁
橄欖油 6 大匙
紅鯔魚 2 條，每條約 500 克，去除鱗片
　　和內臟
大蒜 3 瓣，不須去皮
小辣椒 1/2 根，切碎
白酒 100 毫升
番茄醬 680 克
咖哩粉 1 茶匙
月桂葉 2 片
巴西里末 2 大匙，另外準備一些來裝飾

起油鍋，放入魚、未去皮的大蒜和辣椒，把魚每一面煎 10 分鐘，然後加白酒熄火冷卻。把魚取出，去除魚頭和魚骨，完成後放一旁備用。把番茄醬、咖哩粉、月桂葉加入鍋內，小火煮 10 分鐘，再把魚肉重新放入，並加入巴西里、鹽、胡椒調味。

在加鹽的水裡煮麵 7 至 8 分鐘，或煮成彈牙口感。濾掉水後，與醬汁拌勻，趁熱食用。

其他做法
細扁麵可以用細圓直麵或寬扁麵代替。紅鯔魚可以用鱈魚或扇貝代替。

新鮮與
包餡義大利麵

製作包餡義大利麵的技巧千變萬化，可以全部手工，也可以借助鋁製方格器具來做義大利餃（參見第 39 頁），無論是哪種方法，最後成果絕對值得。

包餡義大利麵最有趣的一點，就是裡頭的餡料。這和所有義大利菜的概念是一樣的——有效利用剩菜——再加上起司，以及用麵包粉或雞蛋來增量。由於內餡已經很豐盛美味，搭配的醬汁就要簡單一點，通常只需要奶油和一點起司，甚至只須用烤肉的肉汁加酒收乾淋上去即可。

你可以前一天先做好，密封冷藏在冰箱裡，我不太建議冷凍，因為你得先確定餡料能妥善保存，拿出來煮的時候也能煮透才行。要是不想手做，也可以買現成的，但先決條件是品質夠好。雖然超市賣的真空包裝品很方便料理，我還是不建議，因為餡料嚐起來多多少少有點人工，而且外型絕對沒有接下來介紹的食譜來得好。

栗子寬扁麵佐蘑菇醬

Tagliatelle di Castagne con Salsa di Funghi

能把年末在森林裡盛產的兩種食材組合在一起，多麼美好啊！你可以在優良的食品行裡買到栗子粉，記住保存期限最多只有六個月，不要使用過期的。

4 人份

義大利麵
栗子粉 300 克
杜蘭小麥粉 100 克
中型雞蛋 3 顆

醬汁
乾牛肝菌 30 克，泡水備用
大蒜 2 瓣，去皮切碎
橄欖油 6 大匙
蘑菇 200 克，切片
辣椒末 1/2 茶匙（可省略）
鹽和胡椒適量
巴西里末 2 大匙

裝盤
現磨帕瑪森起司 60 克

牛肝菌泡在熱水裡 20 分鐘，濾乾後切碎，放一旁備用。

依照第 30 頁步驟製麵，把麵團桿開後切成寬扁麵。如果你買得到現成的乾燥栗子寬扁麵，也可以使用（不過很難買到）。

起油鍋炒大蒜，然後加入蘑菇炒 6 分鐘，再加入牛肝菌、辣椒（可省略）和幾大匙的水。以鹽和胡椒調味，最後加入巴西里。

在加鹽的水裡煮寬扁麵 3 分鐘，或煮成彈牙口感。濾掉水後，與醬汁拌勻，撒上帕瑪森起司即可上桌。

亂切麵佐紫萵苣與煙燻火腿

Maltagliati con Radicchio e Speck

這道麵食的原始靈感來自威尼托大區（Veneto）的特雷維索（Treviso），當地盛產紫萵苣，食譜我已稍微調整過。紫萵苣得經歷許多程序才能販售，舉例來說，整顆萵苣從土裡拔起後，根部會用流動的水不斷沖洗，才能把苦味沖掉。這種萵苣也稱作「特雷維索萵苣」，盛產期在冬季。紫萵苣的吃法多變，可以做成沙拉或燉飯，甚至還可以釀義式白蘭地（grappa）！

4 人份

新鮮雞蛋義大利麵 300 克（參見第 29 頁）
鹽和胡椒適量
現磨陳年艾斯阿格起司（Asiago Cheese）或帕瑪森起司 50 克

醬汁
橄欖油 6 大匙
洋蔥 1 顆，去皮切碎
煙燻火腿或煙燻培根 200 克，切小塊
紫萵苣 400 克，葉子切成 6 至 8 公分小片，根部切小塊
普羅塞克汽泡酒（Prosecco）100 毫升

先用手或機器把麵團桿開成 2 公釐厚度，做成亂切麵（參見第 36 頁），用茶巾蓋住備用。

起油鍋，炒洋蔥和煙燻火腿幾分鐘。加入紫萵苣和酒，以及 50 毫升的水，炒 10 至 15 分鐘，至紫萵苣軟化。

同一時間，在加鹽的水裡煮麵 4 至 5 分鐘，或煮成彈牙口感。濾掉水後，與醬汁拌勻。撒上起司、鹽、胡椒，即可上桌。

其他做法

你可以使用任何新鮮的麵，特別是長麵，例如寬扁麵。除了新鮮的麵，你也可以用 250 克乾燥千層麵或是寬帶麵，折碎成不規則狀，煮的時間約 8 分鐘。若把白酒換成紅酒，會有更豐富的滋味。最後你當然可以加一些香料，例如巴西里。

布拉塔起司菠菜餃

Ravioloni Verdi con Burrata

普利亞大區

是時候來展現一點技巧了。產於普利亞大區的布拉塔起司（Burrata），原料是牛奶，非常美味柔軟，據說是二十世紀時發明的，為的是把莫札瑞拉起司徹底用完。把用剩的莫札瑞拉起司混合鮮奶油，再用一般的莫札瑞拉起司包起，就形成滋味和口感絕佳的新起司。這道義大利餃需要用菠菜做的麵皮（參見第 31 頁）。

4 至 6 人份（可作 12 顆義大利餃）

菠菜義大利麵團 400 克（參見第 29 和 31 頁）
鹽和胡椒適量
現磨帕瑪森起司 80 克

餡料和醬汁
布拉塔起司 600 克
現磨帕瑪森起司 50 克
無鹽奶油 60 克
松子 20 克，預先烤過
迷迭香葉 1 大匙

用手或機器把麵團桿開成兩張 15 至 20 寬、2 公釐厚的麵皮，平鋪在工作平台上。把布拉塔起司切成 12 塊，把一半的起司等距放在其中一張麵皮上，接著撒上帕瑪森起司。在布拉塔起司周圍的麵皮上沾水，把另一張麵皮蓋上壓緊，並將所有空氣擠出。此時包餡的麵團有點像豌豆莢，用滾刀切出 6 塊長方形餃子，做好的要用茶巾蓋住。另一張麵皮也以相同步驟，放入剩下的布拉塔起司和帕瑪森起司。

在加鹽的水裡煮餃子 2 至 3 分鐘，或煮成彈牙口感。在另一個鍋裡融化奶油，加入松子和迷迭香，讓奶油吸收香草的味道 2 分鐘。把餃子撈起，放入融化的奶油醬汁裡。盛入溫熱過的盤子，最後撒上帕瑪森起司。

驚喜義大利餃

Raviolo con Sorpresa

二十五年前，我在伊莫拉（Imola）著名的「San Domenico」餐廳，瞥了一眼這道餃子，便從主廚那裡把點子偷過來了（沒錯，有時我會這樣）。二十年前，我在自己的尼爾街餐廳（Neal Street Restaurant）提供過這道餃子，當時還加了松露在餡料裡，我的老客人到現在還津津樂道。你一定要用現做的麵皮來製作這道餃子。

4 人份

現做雞蛋義大利麵團 1/2 份（參見第 29 頁）
鹽和胡椒適量
現磨帕瑪森起司 40 克

餡料
菠菜 600 克
馬斯卡彭起司或瑞可達起司 300 克
現磨帕瑪森起司 15 克
肉豆蔻粉 1 小撮
新鮮蛋黃 4 顆（有機的更好）

醬汁
無鹽奶油 50 克
鼠尾草葉 10 片

其他做法

除了菠菜起司泥外，可以用其他你喜歡的食材來做餡料，好搭配蛋黃，例如已經煮熟的魚肉。我自己則喜歡煎香腸混合切碎的球芽甘藍來當餡。

用手或機器把麵團桿成 2 公釐厚，再切成 8 片直徑 11 公分的圓形麵皮（用同尺寸的碗來輔助會比較容易），用茶巾蓋上備用。

把菠菜放入鹽水裡稍微川燙，然後把水濾乾（盡可能把水全擠乾），冷卻後切碎。把菠菜和馬斯卡彭起司、帕瑪森起司、肉豆蔻粉在碗裡拌勻，放入擠花袋裡。

在圓形麵皮中央擠出圓環狀的餡料，中間記得要留空間，等一下要放入蛋黃。然後繼續擠第二圈餡料，疊在第一圈上，最後餡料應該為 1.5 公分高。把蛋黃小心放入中央的空間，在外圍麵皮抹水，蓋上另一片麵皮，小心把兩片壓緊密合，不要碰到中間的蛋黃。也可以用叉子把麵皮密合。完成後，會是一個大型的義大利餃。其他麵皮和餡料也以相同步驟完成，做出 4 個餃子。

把餃子輕輕放入有鹽水的鍋裡煮，一次只煮一兩顆，每顆約 5 分鐘。麵皮會煮熟，蛋黃會呈現半熟狀。

把奶油和鼠尾草放入小鍋子，小火加熱至奶油融化起泡。把一顆餃子放到溫熱過的盤子上，上頭淋上奶油。以鹽和胡椒調味，再撒上帕瑪森起司。用叉子刺入餃子時，爆開來的蛋黃就是驚喜。

布巾牧師帽餃

Agnolotti del Plin in Tovagliolo

皮埃蒙特大區

在尼爾街餐廳裡,這道餐點永遠可以吸引顧客的目光。把餃子放在布巾裡?那醬汁該怎麼辦呢?牧師帽餃是皮埃蒙特大區的經典好料裡,餡料令人愉悅,而且只要把餃子稍微裹上烤牛肉的肉汁即可。至於放在上漿過的乾淨布巾裡上桌,是我發明的,目的是讓大家看看料理這道美味餃子並不需要太多醬汁。我知道你現在一定想到了自己家裡的布巾,若想在客人前賣弄一下,就煮這道!

4 人份

現做雞蛋義大利麵團 300 克(參見第 29 頁)
鹽和胡椒適量

餡料
菠菜葉 200 克,洗淨川燙
吃剩的烤牛肉 250 克,切小塊
現磨帕瑪森起司 30 克
肉豆蔻粉 1 小撮
蛋黃 1 顆

醬汁
烤牛肉剩下的肉汁
無鹽奶油 1 指節大

用鹽水川燙菠菜 5 分鐘,然後把水倒掉,冷卻後盡量擠乾水份。把牛肉、菠菜、帕瑪森起司、肉豆蔻粉放入食物處理機,打成糊狀,以鹽和胡椒調味,再拌入蛋黃。

用手或機器把麵團桿成 2 公釐厚度,切成 6 至 7 公分寬的長條,把餡料以 1 公分間隔擺在麵皮下半部(請看下一頁的圖),像做義大利餃一樣把麵皮對折,然後把餡料以外的麵皮全部壓緊,用滾刀切成牧師帽餃。

把烤牛肉肉汁倒入鍋裡加熱,再放入奶油加熱融化。

把餃子放入加鹽的水裡,煮 5 至 6 分鐘,或煮成彈牙口感。把水倒掉,用極少量的醬汁拌餃子,兩面都有沾到即可。在 4 個溫熱過的盤子上,擺 4 張打開的白布巾,再把餃子擺在中間,然後蓋上布巾即可上桌。

蘑菇開式義大利餃
Raviolo Aperto con Funghi

秋天到野外採完蘑菇後，我都會做這道料理。我的戰利品千變萬化——可食用的野生蘑菇有很多種，形狀、顏色和味道也不同——但我最喜愛的還是牛肝菌。如果你無法自己去採蘑菇，也別放棄做這道料理的機會，現在有很多人工種植的外來種蘑菇，是很好的替代品。

4 人份

現做雞蛋義大利麵團 1/2 份（參見第 29 頁）
鹽和胡椒適量
橄欖油
無鹽奶油 50 克
現磨帕瑪森起司 30 克

餡料
乾燥牛肝菌 20 克，泡水備用
綜合新鮮野生蘑菇 500 克，例如牛肝菌、雞油菇（chanterelles）、褐絨蓋牛肝菌（bay boletus）
橄欖油 50 毫升
大蒜 2 瓣，去皮切碎
巴西里末 2 大匙

其他做法

你想用什麼餡料都可以，無論是肉、魚或蔬菜，重要的是味道。如果像這道餃子用的是新鮮和乾燥蘑菇的話，也可以加點牛肝菌高湯塊（食品行或一些高級超市買得到）。

用手或機器把麵團桿成 1 公釐厚，再切成 8 片邊長 15 公分正方形，用茶巾蓋住備用。把乾燥牛肝菌泡在熱水裡 20 分鐘，然後把水擠乾，切碎。

把新鮮蘑菇小心清乾淨，用擦拭的會比水洗來的好。起油鍋，小火炒大蒜幾分鐘，不需要炒到變棕色，即把新鮮和泡水的蘑菇一起加入，同時加入鹽和胡椒，炒 7 至 8 分鐘至蘑菇稍微變軟。加入巴西里。

同一時間，把麵皮放入加鹽的水裡煮，同時在水裡加一點油，防止沾黏。煮 3 至 4 分鐘後，把麵皮一張一張取出，把前 4 張分別放在溫熱過的盤子上。

把蘑菇分成 4 份放在盤子的麵皮上，再像蓋毯子一樣，用另外 4 張麵皮蓋住，不要壓。

把奶油放入剛才炒蘑菇的鍋子裡，加熱到融化起泡，然後淋在餃子上。撒上帕瑪森起司，立即食用。

辣味鹿肉義大利餃

Ravioli di Cervo Speziato

以前我在尼爾街餐廳使用很多鹿肉，主要是切生肉薄片配上松露來吃。我是以整塊肉塊來切片，所以總會剩下一些邊邊角角，於是我把這些剩肉做成各式各樣的餃子餡料。我深信食材不該隨意丟棄，不管剩下什麼都要想辦法用完。這道料理非常有北義大利的特色，當地人非常熱衷獵鹿。

4 人份

現做雞蛋義大利麵團 350 克（參見第 29 頁）
現磨帕瑪森起司 60 克
鹽和胡椒適量

餡料
橄欖油 60 毫升
紅蔥 2 顆，去皮切片
瘦鹿肉 300 克，整塊或碎肉都可以，切成小塊
肉豆蔻粉 1/2 茶匙
肉桂粉 1 小撮
紅椒粉 1/2 茶匙，不要使用太辣的
烈紅酒 40 毫升
義式肉腸（mortadella sausage）150 克，切塊

醬汁
無鹽奶油 60 克
巴薩米克醋 2 大匙

起油鍋，炒紅蔥 3 分鐘。加入鹿肉，煎至整個變棕色，再放入香料和酒，煮滾後小火燉煮 10 分鐘至肉全熟。

過濾肉和其他食材，留下肉汁。把肉和其他食材放入食物處理機，加入義式肉腸打成糊狀。把汁液倒入小鍋子裡，加入奶油和巴薩米克醋，加熱至奶油融化，形成柔滑醬汁，以鹽和胡椒調味後，放一旁備用。

用手或機器把麵團桿成 1 公釐厚，用手（參見第 142 和 152 頁）或用餃子器（參見第 26 頁）製作義大利餃。

在加鹽的水裡煮餃子 5 至 6 分鐘，或煮成彈牙口感。同一時間，小火加熱醬汁。水倒掉後，把餃子放進醬汁裡拌勻，再盛入溫熱過的盤子，撒上帕瑪森起司後即可上桌。

其他做法
鹿肉可以換成松雞（grouse）、雉雞、野鴨或其他野味。義式肉腸是義大利特有的香腸，不過大多數優質食品行都買得到。

南瓜義大利餃

Tortelli di Zucca

這道特別料理來自倫巴底大區的克雷莫納（Cremona），呈現出義大利料理當中甜鹹共存的獨特風味。南瓜的味道清淡，所以就由其他食材來增添風味，例如杏仁餅（amaretti）和酸甜的芥末蜜餞（mostarda）。

4 人份

現做雞蛋義大利麵團 300 克（參見第 29 頁）
鹽和胡椒適量
現磨帕瑪森起司 60 克

餡料
橘肉南瓜 550 克
橄欖油
杏仁餅 100 克，捏碎
芥末蜜餞 100 克，切小塊

醬汁
無鹽奶油 80 克
鼠尾草葉 10 片

烤箱預熱 200 度（瓦斯烤爐刻度 6）。把南瓜切成中等大小的塊狀，放在烤盤上，淋一點油，烤 30 分鐘直至軟化。把肉用湯匙挖出，外皮丟棄，肉壓成泥。

把南瓜泥（不能太濕）和捏碎的杏仁餅、切碎的芥末蜜餞攪拌均勻。

用手或機器把麵團桿成 1 公釐厚，再切 32 片直徑 6 公分的圓形麵皮。把約 1 茶匙餡料放在圓形麵皮中央，然後把邊緣沾水，覆蓋上另外一張圓形麵皮，壓緊密封。最後可做出 16 顆餃子（一人 4 顆）。

在加鹽的水裡煮餃子 5 至 6 分鐘，或煮成彈牙口感。同一時間，在小鍋子裡把奶油和鼠尾草加熱至融化起泡。倒掉水後，餃子與奶油和鼠尾草拌勻，盛入溫熱過的盤子，撒上帕瑪森起司後上桌。

馬斯卡彭起司火腿羊肚菌帽子餃

Cappelletti Imbottiti di Mascarpone e Prosciutto con Salsa di Spugnole

帽子餃和義大利餛飩很像，不過麵皮比較寬（參見第 40 頁），搭配的醬汁材料通常是鮮奶油和火腿。這次我改用沒那麼軟的馬斯卡彭起司，以及切成小塊增加口感的火腿當成餡料，效果不錯。市售的帽子餃和自己做的不太一樣，餡料比較沒用那麼好的食材。

4 人份

現做雞蛋義大利麵團 1/2 份（參見第 29 頁）
鹽和胡椒適量
現磨帕瑪森起司 40 克

餡料
馬斯卡彭起司 200 克
火腿 100 克，切小塊
現磨帕瑪森起司 20 克
細香蔥末 2 大匙

醬汁
無鹽奶油 80 克
切碎迷迭香葉 1 大匙
乾燥羊肚菌 30 克，泡水 1 小時備用

把所有餡料材料混合均勻，放入冰箱冷藏 30 分鐘後變硬。

用手或機器把麵團桿成 2 公釐厚，再切成直徑 8 至 9 公分圓形麵皮，大約需要 30 片。把冰箱拿出的餡料挖 1/2 茶匙的量，放在圓形麵皮中央，然後依照第 40 頁的方式折好。

在加鹽的水裡煮餃子 4 分鐘，或煮成彈牙口感，可以夾一顆確定口感。同一時間，在鍋子裡把奶油加熱融化，然後放入迷迭香和擠乾水的羊肚菌，讓奶油吸收香氣 2 分鐘。把餃子從水裡撈起，放進奶油鍋裡，再加 2 至 3 大匙煮餃子水一起拌勻。盛入溫熱過的盤子，撒上帕瑪森起司。

蟹肉義大利雲吞

Tortelli con Granciporro

有時某些義大利麵食在不同地區的名字和形狀都會不同，造成混亂。最好的例子就是義大利雲吞，它是一個龐大的「麵食家族」，其和義大利餛飩很相似，有時是方形，有時是包成主教帽子的形狀。這道料理的來源，到底來自艾米利亞—羅馬涅大區或倫巴底大區，最有爭議。不過既然餡料是海鮮，我會把這道料理歸於靠近亞得里亞海（Adriatic）的羅馬涅地區。

4 人份（每人 3 顆）

現做雞蛋義大利麵團 200 克（參見第 29 頁）
蒔蘿 4 小枝，切碎做裝飾
鹽和胡椒適量

餡料
大螃蟹 1 隻，約 1.5 公斤，燙熟
馬斯卡彭起司 75 克
白蘭地 1 茶匙
蒔蘿末 2 大匙

醬汁
無鹽奶油 60 克
番紅花 1 克，或番紅花粉 2 小包

把白色和棕色的蟹肉全部取出，小心不要混到碎殼。把蟹肉和馬斯卡彭起司、白蘭地、蒔蘿拌勻，以鹽和胡椒調味，放一旁備用。

把麵團桿成 1 至 2 條 1 公釐厚的長條，用機器桿效果較好。在麵皮中央等距放上各 1 茶匙餡料，邊緣沾水，對折壓緊密封，切成邊緣有鋸齒狀的 7 公分方形雲吞（參見第 151 頁）。

在加鹽的水裡煮雲吞 4 至 5 分鐘，或煮成彈牙口感。同一時間，把奶油放在另一個鍋子裡，加熱至融化冒泡，再加入番紅花。把雲吞盛入溫熱過的盤子，每人 3 顆，在上頭淋番紅花奶油，撒一些蒔蘿裝飾，趁熱品嚐。

烘烤番紅花的方法：

我比較喜歡自行將番紅花磨成粉，碰上假貨的風險比較小，以下介紹我個人製作番紅花粉的方法。把番紅花放在大湯匙裡，直接在爐火上加熱，把番紅花烤乾，之後就能輕鬆磨粉。

包心菜義大利麵

Pasta e Cavolo（Krautfleckerl）

我在維也納讀書時，必須想辦法習慣新的飲食文化，當時我女友的母親
瑪莉亞很會煮飯，尤其特別擅長所有波希米亞和匈牙利菜餚，而這兩地
的菜色剛好構成了維也納的飲食特色。包心菜義大利麵最是吸引我興
趣，因為非常簡單，基本上使用的是方形小麵，但和義大利新鮮的四方
麵（quadrucci）不同的是，市售有乾燥的方形小麵可直接使用。這道料
理可以單獨吃，也可以配上烤肉或燉肉。

4 人份

現做雞蛋義大利麵團 300 克（參見第 29
頁）

醬汁
豬油 80 克，或植物油 70 毫升
中型洋蔥 1 顆，去皮切片
白色包心菜 600 至 700 克，從中剖半，
　去梗，切成小片
葛縷子（caraway seed）1 茶匙
細砂糖 1 大匙
濃白酒醋 1 大匙
鹽和胡椒適量

把豬油在鍋裡加熱融化，再放入洋蔥，慢炒 6 分鐘至軟化。
加入包心菜和葛縷子，拌炒 5 至 10 分鐘。加糖和 2 大匙水，
時不時攪拌，約 15 分鐘後包心菜軟化。加入白酒醋，繼續
煮 5 分鐘左右，讓醬汁呈現濃稠的淡棕色。以鹽和胡椒調
味，繼續小火慢煮。

依照第 36 頁步驟，做出四方麵，放一旁備用。

在加鹽的水裡煮麵 6 分鐘，或煮成彈牙口感。把水倒掉，麵
與醬汁拌勻，千萬不要再撒起司！

豬肉球芽甘藍牧師帽餃

Agnolotti di Maiale con Cavolini

我到彼得伯勒（Peterborough）的奈勒萊蘭（Naylor-Leyland）家族作客時，突然對廚房裡的剩菜有新料理的靈感。義大利餃子的餡料通常都是剩菜，只要運用一點想像力和熱情即可成就一道菜。根據其他賓客食用這道餃子料理的反應，最後成果確實相當美味！

4 人份

現做雞蛋義大利麵團 500 克（參見第 29 頁）
鹽和胡椒適量
現磨帕瑪森起司 60 克

餡料
橄欖油 2 大匙
豬絞肉或純豬肉香腸 400 克
大蒜 2 瓣，去皮切碎
上一餐吃剩的球芽甘藍 200 克
肉豆蔻粉 1/2 茶匙
現磨帕瑪森起司 20 克

醬汁
無鹽奶油 80 克
迷迭香 1 枝
巴薩米克醋 1 大匙

起油鍋，炒絞肉和大蒜 10 分鐘，至肉變棕色。把肉和大蒜倒出放涼，然後放進食物處理機，加入球芽甘藍、肉豆蔻粉、帕瑪森起司，一起打成糊狀，以鹽和胡椒調味，放一旁備用。

用手或機器把麵團桿成 1.5 公釐厚的長條，再手工（參見第 142 或 152 頁）或用器具（依照第 26 頁指示），做出 2.5 公分寬的方形餃子。

在加鹽的水裡煮餃子 5 至 6 分鐘，或煮成彈牙口感。在另一個鍋子裡把奶油加熱融化，然後加入迷迭香和巴薩米克醋，讓奶油吸收香草風味 2 分鐘。把煮餃子水倒掉，迷迭香取出丟棄，餃子與奶油拌勻。把餃子盛入溫熱過的盤子，撒上帕瑪森起司。

蛋黃細麵佐羊胰臟與雞肝

Tajarin con Animelle e Fegatini

蛋黃細麵是皮埃蒙特大區一種手切極細的小寬扁麵，當地人會搭配松露食用，或是煮成丸子湯麵（參見第 55 頁），又或者跟這道食譜建議的一樣，搭配醬汁一起食用。無論哪種方式，都非常美味。

4 人份

現做雞蛋義大利麵團 300 克（參見第 29
　　頁）
鹽和胡椒適量
現磨帕瑪森起司 50 克

醬汁
羔羊胰臟 200 克
橄欖油 40 毫升
無鹽奶油 40 克
洋蔥 1 顆，去皮切碎
雞肝 300 克，清理乾淨，切小塊
巴薩米克醋 2 茶匙
巴西里末 2 大匙

用手或機器把麵團桿成 1/2 公釐厚，捲起來切成長條（參見第 33 頁），盤繞起來乾燥一段時間，趁機來做醬汁。

把羔羊胰臟放到鹽水裡川燙幾秒鐘，取出後切除肌腱，再切成小條。

在鍋裡加入橄欖油和無鹽奶油，炒洋蔥 2 分鐘至微焦。加入雞肝和胰臟，拌炒 5 分鐘。加入巴薩米克醋和巴西里，最後以鹽和胡椒調味。

在加鹽的水裡煮麵 3 至 4 分鐘，或煮成彈牙口感。用夾子把麵夾到醬汁鍋裡，拌勻後盛入溫熱過的盤子，撒上帕瑪森起司上菜。

薩丁尼亞餃
Culurgiones

每個地區都有自己獨特的包餡餃子，大多數都是為了把剩菜吃完而產生的。薩丁尼亞的餃子尤其獨特，餡料從馬鈴薯到起司都有。除了「culurgiones」這個名字，「culurzones」也一樣是薩丁尼亞餃子（此外還有其他多種稱法），到了其他地區甚至長相也不一樣。做法雖然有點複雜，但是非常美味。

4 人份

現做雞蛋義大利麵團 1 份（參見第 29 頁）
鹽和胡椒適量
現磨佩克里諾起司 60 克

餡料
無鹽奶油 30 克
菠菜 200 克，川燙後擠乾水份，切碎
瑞可達起司 300 克
中型雞蛋 2 顆，打散
現磨佩克里諾起司 80 克
番紅花粉 1 小包
肉桂粉 1 撮

醬汁
橄欖油 50 毫升
小型洋蔥 1 顆，去皮切片
牛絞肉 120 克
豬絞肉（瘦肉）120 克
維納希白酒（Vernaccia）50 毫升
罐頭碎番茄 500 克
巴西里末 2 大匙
切碎鼠尾草葉 1 大匙

把奶油放在鍋裡加熱融化，炒菠菜幾分鐘，然後放置冷卻，再加入瑞可達起司、蛋液、佩克里諾起司、番紅花和肉桂粉。以鹽和胡椒調味，把所有食材拌成糊狀。

同一時間製作醬汁。首先起油鍋炒洋蔥 5 分鐘至軟化，加入兩種絞肉，炒約 5 分鐘至稍微變棕色，再加入維納希白酒、番茄、巴西里、鼠尾草，以小火煮 30 分鐘，最後以鹽和胡椒調味。

同一時間，用手或機器把麵團桿成 1 公釐厚，再切成直徑 8 公分圓形，依照第 41 頁步驟製作薩丁尼亞餃。

在加鹽的水裡煮餃子 4 分鐘，或煮成彈牙口感。把水倒掉，餃子與醬汁拌勻，最後撒上佩克里諾起司。

圓粗麵佐鴨醬

Bigoli con l'Anara (Anatra)

威尼托大區的米食比麵食還有名，少數提到威尼斯與威尼托大區就能聯想到的麵食就是圓粗麵，它是一種用「bigolaro」器具做的手工麵。這種器具是金屬做的圓筒物，底部有許多洞口，麵團擠壓過後就形成直徑 3 公釐的圓粗麵，麵芯中空。最佳食用方式是搭配鯷魚和洋蔥醬，或是鴨醬（可用鴨肉，但使用鴨內臟更好）。就算沒有器具，你還是可以自己在家做圓粗麵（參見第 33 頁），不過會呈方形長條狀，也不會有中空麵芯！

4 人份

現做雞蛋義大利麵團 1 份（參見第 29 頁）
鹽和胡椒適量
現磨帕瑪森起司 60 克
肉豆蔻粉 1 小撮

醬汁
無鹽奶油 50 克
橄欖油 50 毫升
洋蔥 1 顆，切碎
迷迭香葉 1 大匙，外加額外裝飾
鴨內臟（肝、心、胗）300 克，全部切碎，
　分開擺放
紅酒 60 毫升

在鍋裡放入奶油和橄欖油一同加熱，然後放入洋蔥和迷迭香，炒 5 分鐘至洋蔥軟化。加入切碎的鴨胗和鴨心，炒 10 分鐘，再加入鴨肝和紅酒煮 10 分鐘，最後以鹽和胡椒調味。

用手或機器把麵團桿成 2 至 4 公釐厚，依照第 33 頁步驟切條。

在加鹽的水裡煮麵 8 至 10 分鐘，或煮成彈牙口感。把水倒掉，麵與醬汁拌勻，然後盛入溫熱過的盤子，撒上帕瑪森起司、迷迭香葉、肉豆蔻粉。

青醬馬鈴薯義式麵疙瘩

Gnocchi di Patate al Pesto

很多人自己做出來的麵疙瘩都沒有恰到好處的柔軟度和蓬鬆感,請確實遵照此食譜,就能做出完美的麵疙瘩,即便搭配番茄醬汁也相當合適(參見第 67 頁)。這道食譜我建議在青醬裡加入酸奶(quagliata)或凝乳(junket),做出利古里亞大區東部盛行的口味,不過不加也可以。

4 人份

麵疙瘩
粉質馬鈴薯 800 克
義大利零零號麵粉 200 克
中型雞蛋 1 顆
鹽和胡椒適量
現磨帕瑪森起司 60 克

醬汁
青醬 1 份(參見第 69 頁)
凝乳或法式酸奶油 2 大匙(可省略)

其他做法

你也可以做綠色麵疙瘩,只要再加 300 克燙熟、徹底擠乾水份的菠菜,如果麵團太濕就多加一點麵粉。

麵疙瘩也很適合搭配藍起司菠菜醬。先把 30 克無鹽奶油在鍋裡加熱融化,再加入 150 克捏碎的貢佐拉多切藍紋起司(Gorgonzola dolce cheese),加入牛奶攪拌稀釋。接著加入 250 克菠菜葉,煮至葉子縮小即可。

烤箱預熱 200 度(瓦斯烤爐刻度 6)。用叉子叉馬鈴薯幾下,然後放入烤箱烤 1 小時直至鬆軟。出爐後把馬鈴薯肉挖到碗裡壓成泥,千萬不要使用機器,否則做出來的馬鈴薯泥會太黏。馬鈴薯泥和麵粉、雞蛋用手拌勻,在工作平台上撒麵粉,每次取一小塊麵團,逐漸揉成直徑 2 公分長條狀麵團,再把麵團切成長度 2 公分的小塊。用手指往小塊麵團中間略壓,變成碗的形狀,接著翻到麵團背面,用叉子刮出溝紋(這樣做可以沾到更多醬汁)。把做好的麵疙瘩放在事先撒過麵粉的乾淨布巾上。

同一時間,依照第 69 頁步驟製作青醬,你也可以在途中加一些凝乳。完成後,把青醬倒進待會兒要跟麵疙瘩一起攪拌的鍋子裡。加一點水,用非常小的火慢慢加熱青醬,你可不希望青醬煮熟了。

在加鹽的水裡煮麵疙瘩 30 秒至 1 分鐘,等麵疙瘩浮到水面就熟了。用漏杓舀起,放入青醬裡拌勻,用鹽和胡椒調味,撒上帕瑪森起司後立即食用。

德國麵疙瘩佐橄欖牛肉捲

Passatelli con Involtini di Bue/Rindsrouladen und Spätzle

這道料理獻給我的伴侶莎賓（Sabine），她是德國人，非常喜歡煮德國麵疙瘩——一種能快速製作的麵食。義大利東北部的飲食文化深受德國影響，所以也能找到類似麵食，稱作帕沙特里麵（passatelli），製作和食用方式都差不多。

4 人份（製作 4 條橄欖牛肉捲）

麵疙瘩
義大利零零號麵粉 450 克
中型雞蛋 4 顆
氣泡礦泉水 130 毫升

橄欖牛肉捲
牛臀肉 4 片，約 5 公釐厚、15 公分長、10 公分寬
第戎芥末醬 1 大匙
小型洋蔥 1 顆，去皮切碎
煙燻培根 8 片
醃蒔蘿黃瓜 4 小條，縱向切條
中筋麵粉適量
橄欖油 50 毫升

醬汁
紅蘿蔔 2 根，削皮切小塊
韭菜 1 根，清洗後切片
紅酒 100 毫升
牛高湯（參見第 47 頁）蓋過食材的量
鹽和胡椒適量
無鹽奶油一指節大小（可省略，不過我自己喜歡加）

其他做法
這個醬汁當然也可以搭配馬鈴薯麵疙瘩或是一般麵疙瘩（參見第 164 頁）。

把麵粉、雞蛋、氣泡礦泉水混合成柔軟麵團，用茶巾蓋住，放一旁備用。

把 4 片牛肉平鋪，在上頭薄薄抹一層芥末醬，接著擺滿洋蔥，放上兩片培根及黃瓜。把牛肉片捲起，用棉繩綁好，表面撒一點麵粉，在油鍋裡煎至每一面都呈棕色，然後先把肉捲放到盤子上備用。

用剛剛煎過肉捲的鍋子，加入紅蘿蔔和韭菜，稍微炒一下，然後加入紅酒，讓酒精揮發 2 分鐘。把橄欖牛肉捲重新放回鍋內，加入牛高湯並蓋過食材（有需要的話可以用清水加高湯塊），慢火煮 1 個半小時。快要上桌前，把牛肉捲取出，把其他食材加鹽和胡椒一起打成醬汁。我個人喜歡在這時候加一指節奶油。

拿一個大平底鍋裝加鹽的水，煮滾後把製作德國麵疙瘩或帕沙特里麵的器具橫在鍋上，放進一部份麵團，用刮刀把麵團擠過器具洞口，讓麵直接掉入鹽水裡。重複此步驟，直到麵團用完。德國麵疙瘩大約只須煮 3 分鐘，浮上水面即可。用漏杓把德國麵疙瘩撈起，濾乾水份。（如果沒有專用器具，可以用孔洞較大的削簽器。當麵團通過削簽器大概 5 公釐時，用刀子劃過，麵疙瘩就會直接落入滾水裡。這個替代方案要讓麵團硬一點才好操作。）

將麵疙瘩和醬汁拌勻，把橄欖牛肉捲切厚片，擺在麵疙瘩上頭即可上桌。

烘烤義大利麵

義大利菜所使用的食材和烹飪技巧，基本上都很簡單，所以你一定會想，我們為何要花更多心思烤餡餅或派，這顯然又再多一道手續。

我的回答是，把所有食材放進烤箱烘烤，成果會更美味、更豪華，當親朋好友來作客時，你就能拿出色香味俱全的料理滿足所有賓客。朱塞佩・托馬西・迪・蘭佩杜薩（Giuseppe Tomasi di Lampedusa）的著名義大利小說《豹》（Il Gattopardo），描寫了十九世紀義大利統一運動時西西里島上逐漸改變的社會結構與日常生活，主角利奧波德每年都會為了賓客烤通心粉派。現在你只須多花一點心力，就能複製這道西西里男爵的料理（參見第 177 頁），成果絕對值得你付出時間與精神，你的客人也會非常開心。事實上你自己也會很開心，因為只要完成準備工作，剩下的就只是把派放進烤箱而已，等待出爐的時間你就能和客人一起加入派對！

烘烤義大利麵最棒的一點，是內層柔軟溼潤，外層卻相當酥脆……兩者對比口感實在無與倫比！

烤蔬菜大吸管麵

Pasticcio di Ziti e Verdure

坎帕尼亞大區

每當有人深陷麻煩中，義大利人就會說：「你深陷美麗的麻煩。」（Ti sei messo in un bel pasticcio）而我寧可吃掉「美麗的麻煩」！這道料理是由那不勒斯人最愛的大吸管麵做成，麵為直徑 1 公分的吸管狀，長度從 10 至 40 公分都有。這道料理使用的是短的大吸管麵，再用充滿水份的蔬菜取代醬汁。

4 至 6 人份

乾燥短大吸管麵 400 克
鹽和胡椒適量

餡料
黃椒和紅椒 400 克，去籽切條
橄欖油適量
大蒜 3 瓣，去皮切半
白酒醋 2 茶匙
茄子 400 克，切片後再切塊
西葫蘆 300 克，切 1 公分薄片
大型洋蔥 2 顆，去皮切片
肉豆蔻粉少許
水牛起司 500 克，切片後再切塊
現磨帕瑪森起司 150 克

烤箱預熱 180 度（瓦斯烤爐刻度 4）。

先把甜椒切半去籽，然後切條。用 1 大匙橄欖油煎甜椒，直到邊緣變黑。這時加入大蒜，炒幾分鐘，然後加入鹽和胡椒，以及白酒醋，放一旁備用。

把茄子切厚片，再切塊。先將茄子塊泡水 10 分鐘，以免待會吸收太多油。倒掉水後，用 2 大匙橄欖油煎茄子 10 分鐘，至茄子變軟、焦糖化。把西葫蘆切成 1 公分薄片，用 2 茶匙橄欖油煎至雙面變棕色。把洋蔥切厚片，用 6 大匙橄欖油煎 10 分鐘，至雙面變棕色。把所有蔬菜和煎蔬菜的油，以及肉豆蔻粉，放進烤皿。把水牛起司切片後再切塊。

在加鹽的水裡煮麵 8 至 10 分鐘，或煮成彈牙口感。倒掉水後，與蔬菜和油拌勻。把水牛起司和帕瑪森起司點綴其中，烘烤時起司會融化。用鹽和胡椒調味，然後再撒一些帕瑪森起司。

放進預熱好的烤箱裡，烤 20 分鐘，出爐後趁熱食用。

義式麵捲佐塔雷吉歐起司與松露醬

Cannelloni Ripieni di Funghi con Salsa di Taleggio e Tartufi

義式麵捲（cannelloni）是一種非常大的管狀麵，通常會先煮到彈牙口感，然後塞入你想要的餡料，再配上白醬或番茄醬汁，灑上帕瑪森起司後，最後放入烤箱。這是經典的烘烤義大利麵料理，但是市售的熟食料裡包讓我食慾全失。有一次我搭火車到曼徹斯特，餐車供應義式麵捲，我請工作人員拿包裝袋給我看，上面寫保存期限竟長達兩年！所以我除了手工現煮的之外，一律不吃。

4 人份

現做雞蛋義大利麵團 1/2 份（參見第 29 頁）
鹽和胡椒適量
橄欖油幾滴
無鹽奶油適量
現磨帕瑪森起司 60 克

醬汁
塔雷吉歐起司（taleggio）300 克，切小塊
牛奶 50 毫升
蛋黃 2 顆
松露油幾滴（可省略）
黑松露 50 克，切薄片

餡料
乾燥牛肝菌 20 克，泡水備用
特級初榨橄欖油 60 毫升
大蒜 2 瓣，去皮切碎
辣椒末少許，不要太辣
綜合野菇 700 克，清理乾淨，切片

其他做法
你可以使用 8 根乾燥的麵捲，但要先煮過才能塞餡料（依照包裝上指示）。此處示範的醬汁和餡料都是素食，但你也可以選擇有肉的餡料（第 98 至 108 頁的肉醬都可以使用），也可換成不同醬汁（例如第 180 頁的白醬），也可以多加一點磨碎的起司。

首先準備醬汁。在中型平底鍋裡，用牛奶泡塔雷吉歐起司幾個小時。烤箱預熱 180 度（瓦斯烤爐刻度 4）。

牛肝菌泡熱水 20 分鐘，然後把水擠乾並切塊。在大炒鍋裡放入大蒜和辣椒，炒幾分鐘，不要炒到變棕色。加入牛肝菌，炒 1 分鐘。加入野菇切片和一點鹽，炒 5 分鐘至菇變軟。把所有食材取出備用。

用手或機器把麵團桿成 2 公釐厚，切成 8 片邊長 15 公分的正方形。在加鹽的水裡滴幾滴油，把麵皮放進去煮 1 分鐘，然後瀝乾水份取出，一片片鋪在工作平台上。把餡料平分放在每一片麵皮的一端，然後把麵皮往另外一端捲起。把所有麵捲放入用奶油抹過的烤皿，接合處記得朝下（參見第 170 頁）。

把起司牛奶鍋用小火加熱，讓起司融入牛奶，呈鮮奶油狀。慢慢把蛋黃攪入，不要起凝塊。然後拌入松露油（可省略）和松露。

把起司醬汁淋到麵捲上，撒上帕瑪森起司和胡椒，最上頭擺幾片松露，放進預熱的烤爐裡烤 20 分鐘。趁熱食用。

烘烤義大利麵

烤起司西葫蘆馬鈴薯蕎麥麵

Pizzoccheri della Valtellina

倫巴底大區

這道來自米蘭（Milan）鄰近山谷的鄉村料理，擁有多種不同版本。有時候麵條只會配上包心菜和馬鈴薯，有時會搭配菠菜。我嘗試用西葫蘆和馬鈴薯搭配，結果非常好吃。最重要的食材是用蕎麥粉做的蕎麥麵，你可以自己做——如果買的到蕎麥粉的話——或是買乾燥的，乾燥蕎麥麵外型就像短的寬扁麵。這種麵來自瓦爾泰利納山谷（Valtellina valley），當地也盛產半硬的牛乳起司——比托起司（Bitto）。義大利風乾牛肉（Bresaola）同樣也來自瓦爾泰利納山谷。

4 人份

乾燥蕎麥麵 300 克
西葫蘆 300 克，削皮切塊
蠟質馬鈴薯 300 克，削皮切塊
鹽和胡椒適量
比托起司或芳提娜起司（Fontina）或托瑪起司（Toma）200 克，切小塊
無鹽奶油 60 克
現磨帕瑪森起司 80 克
大蒜 2 瓣，去皮切片

其他做法

你可以用傳統的包心菜代替西葫蘆，或是換成菠菜，甚至是切成 4 等份的球芽甘藍。

烤箱預熱 180 度（瓦斯烤爐刻度 4）。

在大平底鍋裡煮加鹽的水，煮滾後放入蕎麥麵、西葫蘆和馬鈴薯，煮 12 分鐘至所有食材變軟。

把水濾乾，與比托起司、40 克無鹽奶油、60 克帕瑪森起司拌勻。放入烤皿，撒上剩下的帕瑪森起司，放入烤箱烤 20 分鐘。

同一時間，把剩下的無鹽奶油和大蒜放進鍋裡，加熱至融化起泡。把蕎麥麵從烤箱取出，淋上大蒜奶油，撒上鹽和胡椒調味，趁熱食用。此料理非常適合配上一杯薩塞拉紅酒（Sassella）。

《豹》的烤通心粉派

Timballo del Gattopardo

我很榮幸能和這道歷史悠久料理搭上關係。二〇〇八年，BBC 電視台請我主持一個節目，調查第十一世蘭佩杜薩親王——朱塞佩·托馬西·迪·蘭佩杜薩——在他唯一一本小說《豹》裡寫到的料理。他是一位十九世紀出生的西西里貴族，同時也是義大利文學最有名的作家之一，《豹》一書至今依舊受到眾人讚賞。當時在節目裡，我在親王好友卡門拉塔家族（Camerata）開的一家餐廳裡重現這道菜，最初的烤通心粉派直接用上雞卵巢取出的蛋和松露，我後來換成了水煮雞蛋黃、鵪鶉蛋黃和乾燥牛肝菌。

10 人份

乾燥通心粉 1 公斤
鹽和胡椒適量
現成酥皮 2 包
無鹽奶油適量
麵粉適量

烤肉汁
小牛肉 1 塊，約 500 克
橄欖油 100 毫升
不甜白酒 300 毫升
洋蔥 1 顆，去皮切碎
紅蘿蔔 1 根，削皮切碎
芹菜莖 2 根，切碎
迷迭香 1 枝

餡料
乾燥牛肝菌 50 克，泡水備用
橄欖油 150 毫升
洋蔥 2 顆，去皮切片
雞瘦肉 400 克，切小塊
雞肝 500 克，清洗乾淨，切小塊
雞心 300 克，清洗乾淨，切小塊
熟火腿 300 克，切塊
不甜白酒 200 毫升
水煮雞蛋黃 10 顆（全熟）
水煮鵪鶉蛋黃 12 顆（全熟）
現磨帕瑪森起司 150 克

烤箱預熱 180 度（瓦斯烤爐刻度 4）。乾燥牛肝菌泡熱水 20 分鐘，擠乾水後切塊。

把小牛肉放入可進烤箱的鍋子裡，油煎至每面呈棕色。加入白酒、蔬菜和迷迭香，蓋上鍋蓋，放入預熱好的烤箱慢烤 1 小時。把流出的肉汁裝進罐子裡，小牛肉留著其他餐吃。

在大的砂鍋裡放入 6 大匙橄欖油，炒洋蔥 10 分鐘至軟化。然後加入雞肉，煎 7 分鐘。接著加入雞肝、雞心和牛肝菌，煎炒幾分鐘，然後加入火腿和白酒，煮 10 分鐘，讓酒稍微蒸發。接著加入烤肉的肉汁，以及所有蛋黃，輕輕攪拌。

同一時間，在加鹽的水裡煮通心粉 5 至 6 分鐘，半熟就好，然後把水濾掉。

在工作平台上撒點麵粉，把酥皮桿成 4 公釐厚。準備一個直徑 25 公分、高 12 公分的圓形烤皿，抹上奶油，再用大約四份之三份量的酥皮鋪滿（剩下的酥皮要能足夠把上面蓋起來），先蓋上布巾備用。

把通心粉和所有餡料、肉汁、帕瑪森起司拌勻，小心倒入鋪了酥皮的烤皿裡。蓋上酥皮蓋子，把邊緣封好，並在派的中央挖幾個洞。用殘留的醬汁刷在派上，放進烤箱烤 30 分鐘，出爐後趁熱食用。

其他做法

我應該沒必要提醒各位，這道料理適合特殊場合食用。如果你的預算充足，可以把牛肝菌換成白松露，但我相信牛肝菌的配方已經夠讓小說裡的主角吮指回味！

粗吸管麵肉派

Trullo di Zitoni

這道料理獻給普利亞大區，特別是該區古老的石頭建築「尖頂石屋」
（trulli）。這種建築的屋頂呈圓錐形，石塊之間沒有水泥固定，好讓農
民在游牧時方便拆卸，重新蓋起。粗吸管麵（zitoni）是一種大型管狀麵，
很適合用來做這種長得像「尖頂石屋」的肉派。粗吸管麵體積比大吸管
麵還更寬一點，在優質的義大利食品行都買得到。

普利亞大區

6 至 8 人份

乾燥粗吸管麵 400 克
鹽和胡椒適量
橄欖油適量

餡料
洋蔥 2 顆，去皮切碎
芹菜莖 2 根，切碎
紅蘿蔔 200 克，削皮後煮熟，再切碎
橄欖油 50 毫升
羊絞肉（瘦肉）350 克
雞肝 200 克，清洗乾淨後切塊
蘑菇 300 克，切半
不甜白酒 3 大匙
羅勒葉 6 片
陳年奶酪起司 300 克，切塊
中型雞蛋 3 顆，打散

在加鹽的水裡煮麵 10 至 12 分鐘，或煮成彈牙口感，不要煮
到麵變形。水倒掉後，淋上一點橄欖油，防止麵沾黏。

開始準備餡料。先用 50 毫升橄欖油炒洋蔥、芹菜、紅蘿蔔
5 分鐘，接著加入羊絞肉、雞肝、蘑菇，炒幾分鐘至羊絞肉
變棕色。加入白酒、羅勒、鹽和胡椒，小火煮 15 分鐘。最
後拌入起司和蛋液，放一旁備用。

烤箱預熱 200 度（瓦斯烤爐刻度 6）。

準備一個可以進烤箱的圓形深碗——約高 15 公分，直徑 25
公分——均勻抹上油，然後用粗吸管麵排列、堆疊（像是在
做竹編籃子一樣）。把餡料倒進去，蓋上鋁箔紙，烤 20 分
鐘。出爐後冷卻 10 分鐘，再小心拿個耐熱盤子把肉派上下
顛倒翻出（可能需要修補一下形狀）。

把烤爐開最大溫度。在粗吸管麵上刷油，放入烤爐烤 10 分
鐘，直到麵體呈酥脆金黃色。趁熱食用。

其他做法

之前提到任何較乾的醬汁都可以使用。雞蛋在
此做為黏著劑，非常重要。

將軍千層麵

Piccolo Vincisgrassi

這是馬凱大區（Marche）的傳統料理，名稱是為了紀念溫迪施格雷茨將軍（Windisch-Graetz），他擁有奧地利與德國的血統，在一七九九年拿破崙統治義大利時到過此區。這道料理是豪華版的千層麵——今日稱作起司通心麵——起初餡料是各式各樣的好料，例如雞肝、內臟、雞冠……此處我只用了胰臟、草菇和松露，全都是今日最奢侈的食材……。

馬凱大區

6 人份

現做雞蛋義大利麵團 400 克（參見第 29
　頁）
鹽和胡椒適量

餡料
新鮮草菇或牛肝菌 300 克
無鹽奶油 100 克
小牛胰臟 200 克
白松露 50 克，產地為阿夸拉尼亞
　（Acqualagna），但我比較喜歡阿爾巴
　產的（Alba）的
現磨帕瑪森起司 50 克

白醬
無鹽奶油 50 克
中筋麵粉 50 克
牛奶 100 毫升
肉豆蔻粉

其他做法
你當然可以運用基本概念，做麵皮、白醬和波隆那肉醬的平易近人版本（參見第 108 頁）。如果你用的是乾燥千層麵皮，烤的時間要再長一點。

烤箱預熱 180 度（瓦斯烤爐刻度 4）。

輕輕擦拭草菇或牛肝菌，然後切片，用一半的奶油炒幾分鐘，加鹽和胡椒調味。把胰臟在滾水裡川燙 5 分鐘，讓肉質稍微變硬。濾掉水後，稍微冷卻一下，然後把肌腱切除，再切片放入剛才炒菇的鍋裡，用剩下的奶油炒至變棕色。

製作白醬。把奶油加熱融化，拌入麵粉，最後拌入牛奶，煮的時候不停攪拌，直到呈現濃稠狀，最後用肉豆蔻粉、鹽和胡椒調味。

用機器或桿麵棍把麵團桿成 2 公釐厚，再切成邊長 15 公分的正方形。在加鹽的水裡滴幾滴油，放入麵皮煮 1 分鐘，然後濾乾水，鋪在工作平台上。

在直徑 20 至 25 公分的耐熱盤上鋪一層麵皮，必要時修剪形狀，把盤底都鋪滿。放上幾片草菇、胰臟和松露，淋上白醬和帕瑪森起司，重複這樣的順序往上堆疊，直到把所有材料用完為止。

放入烤箱烤 15 分鐘後即可上桌。

南方節慶烤義大利麵
Pasta Classica al Forno

所有和義大利麵有關的料理，這道稱得上最經典的一道。雖然每個地區做法有些許不同，但基本上這是最誘人、最讓人想吃光光的料理。通常只有盛大場合才會做，就連婚禮時也可端出來宴客。根據食材，可以做得相當華麗。義大利人慶祝時，常常因為純粹的口腹之慾和愉悅感，吃下自己料想之外的食物量。普遍來說，這道料理是復活節和聖誕節時由媽媽做好，雖然份量非常多，但我們隔天就會吃完（其實放到隔天還更好吃呢）。這道料理很適合當派對餐，因為可以事前做好。

8 至 10 人份

乾燥義大利麵 1 公斤，可選擇波紋水管
　麵、筆管麵、鋸齒麵、捏碎的長吸管
　麵、通心粉。
鹽和胡椒適量

醬汁
橄欖油 200 毫升
洋蔥 2 顆，去皮切片
大蒜 2 瓣，去皮壓碎
罐頭碎番茄 2 公斤
番茄糊 100 克
羅勒葉 10 片

肉丸
牛絞肉 500 克
現磨帕瑪森起司 30 克
中型雞蛋 2 顆，打散
麵包粉 50 克
大蒜 1 瓣，去皮壓碎
紅酒 30 毫升
種籽油（如花生油或葵花油）適量

餡料
菠菜丸 1 份（參見第 90 頁）
薩拉米香腸薄片 300 克，有加茴香籽的
　香腸也行
塔雷吉歐起司 600 克，切小塊
現磨帕瑪森起司 200 克
中型雞蛋 12 顆
鹽和胡椒適量

烤箱預熱 180 度（瓦斯烤爐刻度 4）。

先製作醬汁。把油倒入砂鍋裡加熱，炒洋蔥和大蒜幾分鐘。加入碎番茄、番茄糊和羅勒葉，小火煮 30 分鐘，有需要的話再多加一點水。

製作肉丸。把絞肉放進碗裡，加入鹽和胡椒、帕瑪森起司、蛋液、麵包粉、大蒜、紅酒，拌勻後揉成核桃大小般的肉丸。用種籽油煎至表面變棕色，放一旁備用。

依照第 90 頁步驟製作菠菜丸，然後用種籽油稍微煎一下。

在加鹽的水裡煮麵 8 分鐘，或煮成彈牙口感。水倒掉後，用一點點醬汁稍微調味。

準備一個直徑 20 至 25 公分的圓形烤皿，先放一層義大利麵，然後加一些薩拉米香腸、肉丸、菠菜丸、塔雷吉歐起司。接著淋上醬汁和帕瑪森起司。依同樣順序疊兩三層，最後一層為大量塔雷吉歐起司、醬汁和帕瑪森起司。把蛋液打散，加鹽和胡椒調味後淋在最上頭，蛋液會滲透到最底下。放進烤箱烤 30 分鐘，出爐後稍微放涼幾分鐘，要吃的時候盡量往下挖到最下層，那滋味真棒啊！

烤指環麵

Sformato di Anelletti

義大利文「anello」一字就是戒指的意思，西西里人會用這種形狀的麵
來烤餡餅或派，無論熱食或放冷了都好吃。不只熟食店，連某些午餐時
間會變成自助餐館的酒吧，也會提供這道餐點。

西西里

6 至 8 人份

乾燥指環麵 500 克
鹽和胡椒適量
無鹽奶油適量

餡料
綜合蔬菜 600 克（豌豆、芹菜、紅蘿蔔、
　茄子），切小塊
橄欖油 4 大匙
洋蔥 1 顆，去皮切碎
大蒜 2 瓣，去皮壓碎
豬絞肉 700 克
盧根尼卡香腸（luganega）100 克，去掉
　外皮
罐頭碎番茄 1.5 公斤
羅勒葉 10 片
紅酒 20 毫升
奶酪起司 150 克，其中 75 克切小塊，另
　外一半磨碎

烤箱預熱 180 度（瓦斯烤爐刻度 4）。

把蔬菜切成小塊。起油鍋，炒洋蔥和大蒜 1 分鐘至軟化，加
入絞肉、香腸肉、蔬菜塊，拌炒個 10 至 15 分鐘。加入番茄、
羅勒、紅酒、鹽和胡椒，煮 30 分鐘讓所有食材變軟。

在加鹽的水裡煮麵 6 至 8 分鐘，或煮成彈牙口感，然後把水
倒掉。用一點點煮好的肉醬與麵拌勻，肉醬的量足以讓麵上
色和增添味道。

準備一個直徑至少 25 公分、高度 8 至 10 公分的烤皿，用奶
油抹好內層，幫助麵緊黏。把大部份指環麵倒入烤皿內，中
央留空間給肉醬。把肉醬倒入中央，然後把剩下的指環麵倒
在上頭覆蓋住。最上頭撒起司，放入烤箱烤 20 分鐘，出爐
後放涼。

冷卻後，移到盤子上，此時派成固態。無論冷食或再加熱都
可以，像一般切派一樣上桌。

烤羅馬杜蘭小麥餅

Gnocchi di Semolino alla Romana

拉吉歐大區

這道雖然是來自羅馬的料理，但其平易近人、撫慰人心的特質，除了羅馬人，其他地方的義大利人也喜愛。這裡介紹的是其中一個經典版本，我已經做過並刊在不同書裡好多次。你可以搭配一點簡單的番茄醬汁食用（參見第 67 頁）。

4 至 6 人份

牛奶 750 毫升
鹽和胡椒適量
無鹽奶油 150 克，額外準備抹烤皿用的
　奶油
杜蘭小麥細粉 250 克
橄欖油
中型雞蛋 2 顆，打散
現磨帕瑪森起司 150 克
肉豆蔻粉 1 小撮

把牛奶倒進鍋裡，加 1 小撮鹽和 30 克奶油煮滾。把小麥粉慢慢倒入，持續攪拌防止結塊。煮 20 分鐘後讓鍋子離火。

在工作平台上抹上橄欖油。把蛋和 20 克帕瑪森起司、鹽和胡椒一同打散。

小麥粉稍微放涼後，把蛋液倒入拌勻。把小麥粉倒在抹油的工作平台上，用刮刀整成 2.5 公分高的麵團，放涼。

烤箱預熱 180 度（瓦斯烤爐刻度 4）。

同一時間，準備一個長 25 至 28 公分、寬 20 公分的陶皿，用奶油塗抹內層。小麥粉冷卻後，用直徑 4 公分的圓模型切塊，然後擺入陶皿內，彼此稍微重疊，把陶皿內層擺滿。撒上剩下的帕瑪森起司、奶油、肉豆蔻，放入烤箱烤 20 至 30 分鐘，直到上頭的起司融化變棕色，就能開動囉！

酥皮籃火腿起司小圓餃

Anolini con Panna e Prosciutto

這道料理你需要買新鮮製作的小圓餃，也是義大利餛飩系列最小的尺寸。艾米利亞—羅馬涅大區的人都是手工製作，通常是由女人來做，因為只有女人的細手指可以捏出小圓餃的形狀，我的手指就太粗了做不來！

4 人份

冷凍酥皮 600 克
中筋麵粉適量
無鹽奶油適量
中型雞蛋 1 顆，打散

餡料
新鮮小圓餃或義大利餛飩 500 克（參見第
　29、40、156 頁）
鹽和胡椒適量
重乳脂鮮奶油 50 毫升
肉豆蔻粉 1/4 茶匙
火腿 100 克，切小條
現磨帕瑪森起司 50 克

其他做法
如果你沒時間做小圓餃，可以在優質的義大利食品行買到現做的。另外，你可以在內餡撒上辣椒末和羅勒，再蓋上酥皮蓋。

烤箱預熱 180 度（瓦斯烤爐刻度 4）。

在工作台上撒薄薄一層麵粉，把酥皮桿成 1 公分厚。準備 4 個直徑 10 公分、高 10 公分的耐熱圓碗，把外層抹上奶油，然後倒放，鋪上酥皮，修整成碗的大小。切 4 個直徑 10 公分的圓形當作蓋子。把酥皮碗和蓋子放在已經抹油的烤盤上，刷上蛋液，放進烤箱烤 20 分鐘至變成棕色。

同一時間，依照第 156 頁的豬肉和球芽甘藍餡料，以及第 29 和 40 頁的步驟，製作小餃子或義大利餛飩。在加鹽的水裡煮餃子 4 至 5 分鐘，或煮成彈牙口感。水倒掉後，將餃子與鮮奶油、肉豆蔻粉、火腿、帕瑪森起司拌勻，加鹽和胡椒調味，把所有食材稍微加熱。把酥皮從烤箱取出，將酥皮碗放在溫熱過的盤子上，裝入餃子，蓋上酥皮蓋，趁熱食用。

義大利麵沙拉
與剩菜再利用

　　把義大利麵沙拉和剩菜放在同一個章節，似乎有點奇怪，但兩者卻有一些共通點。舉例來說，你可以用切剩的雞肉或剩下的烤肉，製作沙拉、義大利烘蛋（frittata）、醬汁、餡料，甚至是餃子。每一位義大利主婦都有這種節約思想，食物很珍貴，不能隨意浪費。就連不新鮮的麵包也不能丟掉，可以放進烤箱烤乾一點，然後磨碎成麵包粉，或是放進沙拉裡。我有許多有趣的食譜靈感，都是在思考如何處理剩菜時想出來的。

　　不過，義大利麵沙拉不只可用剩菜製作，其實大多時候都會用上頂級材料，例如海鮮、蔬菜、起司、菇類，但最好搭配乾燥短麵。沙拉通常是冷食，吃久了難免覺得乏味，所以要用美味的食材彌補沒有溫熱醬汁的缺點。基於這個原因，義大利麵沙拉通常會使用高品質的特級初榨橄欖油，並且謹慎調味。

　　義大利人無論哪種剩菜都可以再次利用，我在這一章提供一些食譜，不過也請記得，其實吃剩的佐醬義大利麵只須重複加熱就能再次食用！把義大利麵放進烤箱加熱前，記得蓋上鋁箔紙，以免太乾。如果是用鍋子加熱，要再放一些橄欖油或奶油，防止麵互相沾黏。不過有些料理確實讓麵黏在一起比較好吃啦……

螺旋麵沙拉佐薄荷四季豆西葫蘆

Insalata di Spirali con Fagiolini e Zucchini alla Menta

我最近發現，每次煮兩道我最愛的料理——薄荷四季豆和薄荷西葫蘆——
而有剩菜時，兩者剛好能結合成美味、清新的沙拉。

4 人份

乾燥螺旋麵 300 克
鹽和胡椒適量
特級初榨橄欖油 1 大匙

沙拉
四季豆 300 克，剝絲
西葫蘆 500 克，切 4 等份
大蒜 2 瓣，去皮切片
特級初榨橄欖油 60 毫升
濃白酒醋 20 毫升
薄荷葉 3 大匙

事先把麵煮好，才有時間冷卻。在加鹽的水裡煮麵 8 至 9 分鐘，或煮成彈牙口感。把水倒掉，麵與橄欖油拌勻後放涼。

在大鍋子裡裝大量鹽水，煮豆子 10 分鐘至變軟。用濾杓把豆子撈出，然後在同一鍋水裡煮西葫蘆 8 至 10 分鐘。把西葫蘆撈出後，和豆子一起放在大碗裡，加入大蒜、橄欖油、醋、鹽和胡椒，拌勻後靜置放涼。

加入薄荷後，與麵拌勻，試吃一口再用鹽和胡椒調整味道，即可上桌。

特飛麵沙拉佐蠶豆、
巴薩米克洋蔥與佩克里諾起司

Insalata di Trofie, Fave, Cipolle e Pecorino

我本應該用野草麵（gramigna pasta）來做這道沙拉。每當提到為義大利麵命名時，野草麵就是展現義大利人想像力最好的例子。這種麵的名字是以狗牙根草（bermuda）來發想，狗牙根草生長速度飛快，是花園之害。我並不曉得捲成半圓形的麵哪裡像狗牙根草，不過加在沙拉裡倒是很美觀，滋味也很棒，不過使用比較常見的特飛麵也有同樣效果。

4 人份

乾燥特飛麵（或野草麵）300 克
鹽和胡椒適量
特級初榨橄欖油 1 大匙

沙拉
蠶豆 1 公斤，去膜
特級初榨橄欖油 60 毫升
小型洋蔥 200 克，去皮
細砂糖 30 克
巴薩米克醋 2 大匙
佩克里諾起司 200 克，切小條

事先把麵煮好，才有時間冷卻。在加鹽的水裡煮麵 12 至 14 分鐘，或煮成彈牙口感。水倒掉後，拌上橄欖油放涼。

用加鹽的水燙蠶豆幾分鐘，然後用濾杓撈起。放涼一段時間後，去除外膜，留下裡頭鮮綠色豆子。用油炒幾分鐘，盛出後放一旁備用。

在同一鍋加鹽的水裡燙洋蔥 15 分鐘至變軟。撈出後也在同一個油鍋裡炒幾分鐘，加一點糖讓其焦糖化，然後加入巴薩米克醋，需要的話也可以加一點水。把洋蔥放涼。（這種稍微醃製過的洋蔥也適合當開胃菜的一部份。）

把巴薩米克醋洋蔥和所有汁液與蠶豆、起司、義大利麵拌勻，以鹽和胡椒調味後即可上桌。

手肘麵沙拉佐甜椒與酸豆

Insalata di Gomiti con Peperoni Capperi

這道清新的夏日沙拉非常適合野餐或烤肉時食用。我之所以想出這道沙拉，是因為有吃剩的烤甜椒，於是我選了能搭配的食材做成沙拉。把甜椒用炭火烤過，風味最佳。

4 人份

乾燥手肘麵（gomiti）300 克
鹽和胡椒適量
特級初榨橄欖油 1 大匙

沙拉
紅色或黃色甜椒 400 克（不要綠色）
大蒜 1 瓣，去皮壓碎
特級初榨橄欖油 50 毫升
鹽漬酸豆 150 克，稍微洗掉鹽分
巴西里末 2 大匙

其他做法

手肘麵可以用筆管麵或蝴蝶麵代替。

事先把麵煮好，才有時間冷卻。在加鹽的水裡煮麵 6 至 7 分鐘，或煮成彈牙口感。水倒掉後，拌上橄欖油放涼。

把烤爐準備好，將甜椒烤到外皮焦黑。你也可以把甜椒拿到瓦斯爐上烤，但香氣一定不同。冷卻後，把焦黑的皮去掉，切半去籽去核。把甜椒肉切長條，再與大蒜和橄欖油拌勻，放置一旁入味。

把洗過的酸豆、巴西里、義大利麵，和甜椒一起拌勻，撒上一些鹽和胡椒即完成。

米形麵沙拉佐醃黃瓜與鮪魚

Insalata di Orzo con Scottaceti e Tonno

這是適合夏季的沙拉，不過也有許多人會拿來當開胃菜。由於所有食材都是醃漬品，所以製作起來很快，可以找優質的食品行一口氣把食材全買齊。

4 人份

乾燥米形麵 200 克
鹽和胡椒適量
特級初榨橄欖油 1 大匙

醃黃瓜
小黃瓜 150 克，切條
細砂糖 1 茶匙
白酒醋 1 大匙

沙拉
小型洋蔥 200 克，切小塊，以巴薩米克
　　醋浸漬
日曬番茄乾 100 克，切條
鹽漬酸豆 20 克，稍微洗掉鹽分
奧勒岡葉 1 大匙
油漬鮪魚 200 克，濾油後粗略切薄片
檸檬汁 1/2 顆
特級初榨橄欖油 80 毫升

事先把麵煮好，才有時間冷卻。在加鹽的水裡煮麵 5 分鐘，或煮成彈牙口感。水倒掉後，拌上橄欖油放涼。

把小黃瓜加糖、鹽、醋，醃漬半小時。

麵冷卻後，與小黃瓜和其他食材拌勻，淋上檸檬汁和橄欖油，以鹽和胡椒調味，試吃後再決定是否再多加鹽。

其他做法
米形麵可以用手指麵（ditalini）或小蝴蝶麵代替。

義大利麵卡布里沙拉

Insalata Caprese con Spaghetti Rotti

卡布里沙拉是莫札瑞拉起司配上番茄的經典組合，我稍微改變了一下，加了義大利麵，最後成果依舊相當有義大利風格。我使用的是折斷的圓直麵，畢竟大家家裡常常沒有短麵。整個製作過程相當簡單。

4 人份

乾燥圓直麵 250 克
鹽和胡椒適量
特級初榨橄欖油 1 大匙

沙拉
成熟結實的大番茄 3 顆，切塊
新鮮水牛莫札瑞拉起司球 2 大顆（每顆
　125 克），切片
特級初榨橄欖油 80 毫升
白酒醋 2 大匙
羅勒葉 20 片

事先把麵煮好，才有時間冷卻。把麵折斷成 6 至 7 公分，在加鹽的水裡煮麵 5 至 6 分鐘，或煮成彈牙口感。水倒掉後，拌上橄欖油放涼。

把番茄切成 8 等份，再切塊。把莫札瑞拉起司切厚片，再切小塊。拿一個大碗，把麵、番茄、莫札瑞拉起司拌勻，然後倒入橄欖油、醋、鹽和胡椒，最後撒上羅勒葉，即可上桌。

其他做法

圓直麵可以換成細麵。

螺旋麵佐醃漬野菇沙拉

Insalata di Fusilli e Funghi

夏末的義大利麵沙拉尤其讓人興奮，因為這時節有許多野菇，採集野菇是我最大的興趣之一。這裡介紹的是我最愛的食譜（野菇的替代方法參見144頁）。

4 人份

乾燥螺旋麵 300 克
鹽和胡椒適量
特級初榨橄欖油 1 大匙
檸檬汁 1 顆
整枝奧勒岡葉或墨角蘭，另外準備一點額外裝飾用

醃漬野菇
綜合野菇 800 克（淨重），或人工栽種的栗子菇、雞油菇、平菇。
白酒醋 4 大匙
丁香 5 顆
肉桂粉 1/2 茶匙
辣椒 1 小根
大蒜 2 瓣，不需去皮
月桂葉 4 片
特級初榨橄欖油 5 大匙
奧勒岡葉或墨角蘭 1 大匙
巴西里末 2 大匙

事先把麵煮好，才有時間冷卻。在鹽水裡煮麵 8 至 10 分鐘，或煮成彈牙口感。水倒掉後，拌上橄欖油和檸檬汁放涼。

小心清理野菇，用擦拭的，不要用水洗。

把 1.5 公升的水煮滾，然後加入醋、鹽 20 克、丁香、肉桂、辣椒、大蒜、月桂葉，煮幾分鐘。加入野菇煮 10 分鐘，然後把野菇撈出，與橄欖油拌勻、放涼。

把簡單醃漬過後的野菇和麵拌勻，加鹽調味，然後灑上黑胡椒、奧勒岡葉或墨角蘭、巴西里。

羊肚菌黑木耳全麥義大利麵沙拉

Insalata di Penne Integrali con Spugnole e Orecchie di Giuda

「一切自然」是這道料理的主旨。全麥麵是義大利麵的其中一種，我喜歡搭配野菇做成沙拉。好的食品行可以買到乾燥羊肚菌。野外可以找到生長在老樹上的黑木耳，尤其是下了一陣雨過後容易發現它們的蹤跡，但中式食品行也可買到乾燥的。這兩種菇泡水後，會恢復原本大小。

4 人份

乾燥全麥筆管麵 350 克
鹽和胡椒適量
特級初榨橄欖油 1 至 2 大匙

沙拉
乾燥羊肚菌 40 克，泡水
乾燥黑木耳 40 克，泡水
橄欖油 70 毫升
大蒜 2 瓣，去皮切片
辣椒 1 小根，切片
巴西里末 2 大匙
檸檬汁 1 顆

先把香菇泡水。用微溫的水泡羊肚菌 1 小時，黑木耳則用冷水泡 30 分鐘。

同一時間，在加鹽的水裡煮麵 8 至 10 分鐘，或煮成彈牙口感。倒掉水後，淋上橄欖油，一旁放涼備用。

快速用手指清理香菇，把水擠乾。起油鍋炒香菇、大蒜與辣椒 5 分鐘，加鹽和胡椒調味，再加入巴西里和檸檬汁。放涼後與麵拌勻，即可上桌。

海鮮無麩質義大利麵沙拉

Insalata di Mare Fredda con Penne senza Glutine

很高興現在對麩質過敏的人，也能享用義大利麵了。無麩質義大利麵是用玉米、米粉或甚至是扁豆製成的，但形狀有限。我很高興自己的連鎖事業都有供應無麩質義大利麵，希望有更多企業重視這件事。

4 人份

乾燥無麩質筆尖麵 300 克
鹽和胡椒適量
特級初榨橄欖油 1 大匙

沙拉

綜合海鮮 800 克（淨重），例如小章魚、
　墨魚、淡菜、花枝（切成圈狀）、明蝦、
　扇貝（帶殼）、蛤蜊
大蒜 1 瓣，去皮壓碎
巴西里末 3 大匙
蒔蘿 1 把，切碎
細蔥 1 把，切碎
特級初榨橄欖油 70 毫升
檸檬汁 1 顆

事先把麵煮好，才有時間冷卻。在鹽水裡煮麵，時間要比煮一般筆尖麵的時間還短。不過無麩質麵煮的時間不一，所以最好依照包裝指示，或煮成彈牙口感。煮好後，加一點熱水到煮麵水裡，再把水倒掉，拌上橄欖油放涼。

準備另一鍋加鹽的水，煮滾後先把需要煮久一點的海鮮放進去，例如章魚和墨魚，放入後約煮 12 分鐘。淡菜、花枝、明蝦、扇貝、蛤蜊煮的時間較短，約只需 2 至 4 分鐘，算好時間放進鍋裡。煮好後，把海鮮撈出，水份濾乾，放入大碗裡冷卻，然後與大蒜、香草、橄欖油、檸檬汁拌勻，再拌入義大利麵，最後以鹽和胡椒調味，即可上桌。

其他做法

這道料理也可以用一般義大利麵製作。海鮮可依照當時你能買到的食材來替換。香草也可以用你手上有的，例如香菜和羅勒就非常適合。

章魚豌豆義大利麵沙拉

Insalata di Polpo, Piselli e Pennette

我稱這道為「3P」沙拉，原因顯而易見，是由三種在義大利文裡以 P 開頭的食材組合起來的（章魚、豌豆與義大利麵），這樣的搭配讓人胃口大開，同時又非常有義大利風格。

4 人份

乾燥小筆尖麵 300 克
鹽和胡椒適量
特級初榨橄欖油 1 大匙

沙拉
橄欖油 40 毫升
大型洋蔥 1 顆，去皮切片
新鮮豌豆 300 克（去莢後的重量）
小章魚 1 隻，約 250 克
檸檬 1 顆，取皮屑和汁
薄荷末少許

事先把麵煮好，才有時間冷卻。在加鹽的水裡煮麵 6 至 8 分鐘，或煮成彈牙口感。水倒掉後，拌上橄欖油放涼。

起油鍋，炒洋蔥 2 分鐘。加入豌豆和 2 大匙水，煮到水完全蒸發、豆子變軟。準備另一鍋加鹽滾水，煮章魚 18 分鐘至變軟，然後把章魚撈出，切小塊。把所有食材放涼。

全都變涼後，把麵、豌豆、洋蔥、橄欖油、章魚、檸檬汁拌勻，撒上檸檬皮屑和薄荷，以鹽和胡椒調味。

生菜庫斯庫斯沙拉

Insalata di Couscous

這是適合春夏享用的沙拉，這時的蔬菜也正新鮮。我使用的是比一般庫斯庫斯更大粒的珍珠庫斯庫斯，希伯來文稱為「ptitim」，更廣為人知的名稱則是以色列庫斯庫斯，原料為硬麥，原本就做成了顆粒狀，不過現在也有小孩喜愛的心型和星型。

4 人份

乾燥以色列庫斯庫斯 200 克
鹽和胡椒適量
特級初榨橄欖油 1 大匙

沙拉
芹菜莖 2 根
紅甜椒 1 顆
黃甜椒 1 顆
小黃瓜 1/2 根
蔥 4 根
蘆筍 4 根
酪梨 1/2 顆
蘋果 1 顆
梨子 1 顆
薄荷和巴西里各 1 把，切末
特級初榨橄欖油 60 毫升
檸檬汁 1 顆

事先把庫斯庫斯煮好，才有時間冷卻。在加鹽的水裡煮庫斯庫斯 12 至 14 分鐘，或煮成彈牙口感（依照包裝上指示）。水倒掉後，拌上橄欖油放涼。

接著需要一點耐心，把所有蔬菜洗淨，切成比庫斯庫斯稍微大一點的塊狀。把切好的蔬菜水果和香草與庫斯庫斯拌勻，加入橄欖油、檸檬汁、鹽和大量胡椒，拌勻後即可享用。

其他做法
庫斯庫斯可以用球形麵代替，與蔬菜拌勻後，用希臘酸葡萄葉包起來吃非常美味！

炸義大利麵
Pasta Fritta

4 人份

現做雞蛋義大利麵團 200 克（參見第 29 頁）
鹽和大量黑胡椒
辣椒粉適量（可省略）
橄欖油（油炸用，不須使用特級初榨橄欖油）
巴馬火腿或起司（可省略）

製作雞蛋麵團時，加入鹽和大量黑胡椒，試個人口味加一些辣椒粉。把麵團桿成 2 公釐厚，再切成 4 公分寬的長條。

用橄欖油油炸麵條至酥脆，然後放在廚房紙巾上吸取多餘油脂。與巴馬火腿或起司一起食用，或單吃也可以。

其他做法
這個受歡迎的點心可以幫你用完做其他麵食剩下的雞蛋麵團，你可以把鹽換成芹菜鹽，也可以把辣椒粉換成孜然，或是加一些乾燥香草（但是別加羅勒）。如果想要不同風味，可以把橄欖油換成豬油。

剩菜蛋捲
Frittata del Presidente

4 人份

特級初榨橄欖油 30 毫升
吃剩的義大利麵 400 克（已煮熟、裹上醬汁）
中型雞蛋 6 顆，打散
現磨帕瑪森起司 60 克
鹽和胡椒適量

起油鍋，炒義大利麵幾分鐘，直到完全加熱。把蛋液和帕瑪森起司拌勻，以鹽和胡椒調味，把蛋液倒在義大利麵上。等到底部凝固後，把兩邊往內對折。等到蛋液都凝固後，使用大盤子或鍋蓋，把蛋上下反轉，稍微再煎一下讓蛋捲定型（有需要的話再多加一點油）。

把蛋捲切片，熱食或放冷食用都可以。如果你想帶去公司當午餐，或是野餐，可以用小一點的鍋子煎。我稱之為「義大利麵漢堡」。

其他做法
這道菜是我為義大利前總統喬治．納波利塔諾（Giorgio Napolitano）設計的，因為這是他最愛的療癒食物。最適合做這道菜的麵，是已經沾過用番茄或肉醬為主軸的佐醬麵。你可以事前在蛋液裡，加幾大匙巴西里末。你也可以加其他剩菜，例如吃剩的烤甜椒就非常適合做蛋捲。

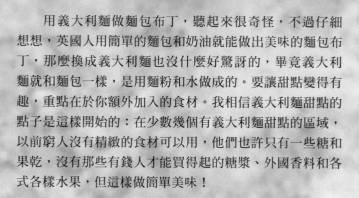

義大利麵
甜點

用義大利麵做麵包布丁，聽起來很奇怪，不過仔細想想，英國人用簡單的麵包和奶油就能做出美味的麵包布丁，那麼換成義大利麵也沒什麼好驚訝的，畢竟義大利麵就和麵包一樣，是用麵粉和水做成的。要讓甜點變得有趣，重點在於你額外加入的食材。我相信義大利麵甜點的點子是這樣開始的：在少數幾個有義大利麵甜點的區域，以前窮人沒有精緻的食材可以用，他們也許只有一些糖和果乾，沒有那些有錢人才能買得起的糖漿、外國香料和各式各樣水果，但這樣做簡單美味！

本章許多食譜是我自己發明的，有些則是經典或地方甜點，有些是我住在國外時的美好回憶，例如甜餃就是住在奧地利時給我的靈感，再融入了北義大利風格。我也在本章收錄一些用麵粉和水做的甜點，也許嚴格說來不算是義大利麵，像酥皮麵團就和義大利麵類似，但額外加了油脂，好讓麵團方便烘烤。酥皮和鬆餅都是義大利麵的近親，我努力發揮想像力用它們做出甜點，最重要的是，所有成品都非常好吃。

當然，無論是哪種形式的義大利麵，義大利麵狂熱份子一定都會喜歡的……。

黑棗乾甜餃

Gnocchi con Prugne

熱愛美食的人在旅遊時，一定會吸取各種飲食經驗，我也不例外。這道甜點來自奧地利的維也納，我在當地住了幾年。德語稱這道甜餃為「Knödel」，通常使用的是熟透的杏桃，然而在此我換成了黑棗乾，因為不像杏桃只有某些季節有，你可以在一年裡的任何時間做來吃。

4 人份

甜餃
粉質馬鈴薯 200 克，去皮
義大利零零號麵粉 600 克
中型雞蛋 1 顆，打散
細砂糖 40 克
去籽大黑棗乾 12 顆，泡柳橙汁 15 分鐘
方糖 12 顆

裝飾
無鹽奶油 60 克
麵包粉 50 克
肉桂粉 1/2 茶匙
糖粉

207

義大利麵甜點

把馬鈴薯用水煮熟，然後壓成泥，與麵粉、蛋液、糖拌成柔軟麵團。把黑棗乾從柳橙汁中取出並擠乾。

取一小塊和黑棗乾差不多大的麵團，在手掌裡壓成薄圓片，在中央放一塊黑棗乾和一顆方糖，對折封起或是用另一片麵團覆蓋封起，接著把麵團揉成圓球狀。剩下的麵團、黑棗乾、方糖以同樣步驟完成，最後應有 12 顆甜餃。

在滾水裡煮甜餃 10 分鐘，浮上表面即熟了。

同一時間，把奶油放在平底鍋裡加熱，並加入麵包粉和肉桂粉。把甜餃撈出，濾乾水份，分別放入溫熱過的盤子裡。在甜餃上撒肉桂麵包粉和糖粉，趁熱食用。

其他做法

你當然可以試試看原始的杏桃版本，不過一定要用非常熟的杏桃。你也可以用成熟的大顆草莓，或是切半的維多利亞李子。你也可以使用杏桃乾，並且和黑棗乾一樣，要事先泡過柳橙汁。以上這些替代水果都不需要使用方糖。

巧克力麵

Fettuccine di Cioccolato

這是為義大利麵狂熱粉絲準備的餐點！巧克力麵條可以自己從頭開始做
——我在第 31 頁有說明做法——但對沒時間的人，好的食品行也可以買
到乾燥巧克力麵。這種工廠生產的麵，通常是配上野味主食和醬汁，不
過搭配甜醬汁也很好吃。

4 人份

新鮮巧克力麵 250 克（參見第 31 頁），或
　　乾燥巧克力緞帶麵 200 克
鹽
糖粉，裝飾用

醬汁
無鹽奶油 50 克
小豆蔻 10 克，只使用籽
松子 30 克，稍微烤過
去殼榛果 30 克，稍微烤過後碾碎
細砂糖 40 克
乾麵包粉 40 克
女巫利口酒（Strega）或其他義大利利口
　　酒 1 大匙

用手或機器把麵團桿成 3 公釐厚度的長薄片，依照第 33 頁
的方式捲起切條。

製作醬汁。把奶油放在鍋裡加熱融化，再加入小豆蔻、松
子、榛果炒幾分鐘。加糖和麵包粉，炒至變棕色，然後加入
利口酒。

同一時間，在加鹽的水裡煮麵 4 至 5 分鐘（乾燥麵煮 6 至 7
分鐘），或煮成彈牙口感。倒掉水後，與甜醬汁拌勻，最後
撒上糖粉。

食用建議

一杯麝香葡萄酒（Moscato sweet wine）和這
道甜點最速配。

草莓牛奶義大利麵

Budino di Fregola e Fragole

球形麵是薩丁尼亞的一種可愛粒狀麵，可以代替米粒，或是像這道料理一樣做成義大利式麵（米）布丁。這裡我用牛奶煮麵，佐以蜂蜜調味（橙花蜜或栗子花蜜是最美味的），最後再淋上草莓醬。

4 人份

乾燥球形麵 200 克
鹽
全脂牛奶 1 公升
橙花蜜 3 大匙

醬汁
成熟草莓 300 克
細砂糖 60 克
檸檬汁 1/2 顆

在加少許鹽的水裡煮麵 10 分鐘，濾掉水後放一旁備用。在平底鍋裡倒入牛奶煮滾，然後加入麵及 1 小撮鹽，煮 30 分鐘讓麵變得軟而綿密。把蜂蜜拌入後，放一旁冷卻。

把草莓切半，放入小平底鍋裡，並加入糖和檸檬汁，以小火煮至所有食材融合成黏稠醬汁，過程中偶爾用叉子把草莓翻面。把煮好的醬汁放一旁冷卻。

用草莓醬配上牛奶麵一起食用。

其他做法

如果想要不一樣的風味，可以用覆盆子或甚至是黑莓代替草莓。球形麵可以用已經長得像米的米形麵代替。

巧克力醬起司鬆餅

Crespelle Ripiene con Salsa di Cioccolato

這又是一道讓我想起待在維也納時光的餐點。當地人稱這道為「Palats-chinken」，其實是源自匈牙利，但撇除名字以外，這道甜點可以非常有義大利風格。維也納人使用的是叫做「topfen」的奶渣起司，口味稍微偏酸，所以這裡我改用牛奶做的瑞可達起司變成義大利風格，而且非常美味！

4 人份

義大利零零號麵粉 140 克
鹽 1 小撮
中型雞蛋 2 顆，打散
牛奶 250 毫升
淨化奶油，油煎用

醬汁
苦巧克力 150 克，剝成小塊
重乳脂鮮奶油 150 毫升
水 4 大匙
細砂糖 50 克

餡料
瑞可達起司 500 克
細砂糖 50 克
檸檬皮屑 1/2 顆

製作鬆餅。麵粉與鹽一起過篩到碗裡，中間挖出一個井，把雞蛋和少許牛奶倒入井裡，用攪拌器混合均勻。慢慢把剩下的牛奶拌入，攪拌至麵糊光滑。

準備一個直徑 15 公分的不沾鬆餅鍋，把淨化奶油放入加熱，塗滿整個鍋底。倒入適量麵糊，小火煎至底部變棕色，然後翻面煎另一邊，過程只須幾分鐘。繼續用奶油煎麵糊，總共要煎 8 片。煎好後，用乾淨茶巾包起來保溫，放置一旁。

同一時間，把巧克力醬的材料放在雙層鍋的上層（或是在一鍋滾水上放一個耐熱碗），攪拌一兩次讓材料融化並混合均勻。完成後放一旁保溫備用。

快速把瑞可達起司、糖、檸檬皮屑混合均勻，在每一片鬆餅中央放 2 大匙起司，然後把鬆餅捲成奶油捲狀，再放到溫熱過的盤子上，每盤放兩捲，然後淋上巧克力醬。

薩丁尼亞炸甜餃

Sebadas/Gnocco Sardo Fritto

這道又鹹又甜的薩丁尼亞特別料理，充分使用了佩克里諾起司——也稱作卡喬塔起司（caciotta），是薩丁尼亞最好的食材之一——以及當地品質最好的橙花蜜。

4 人份（可做 4 個大餃）

薩丁尼亞

現做雞蛋麵團 200 克（參見第 29 頁）
細砂糖 50 克
瑪莎拉紅酒（Marsala red wine）2 茶匙
新鮮軟佩克里諾起司 100 克，切成 4 個
　邊長 8 公分方形
橄欖油（油炸用，不須使用特級初榨橄欖
　油）

裝飾
橙花蜜 100 克

依照第 29 頁步驟製作麵團，加入糖和瑪莎拉紅酒後可以做出較軟的麵團。用保鮮膜包住，放入冰箱 20 分鐘。

用機器或桿麵棍把麵團桿成 2 公釐厚，切 8 片直徑 15 公分的圓形，用濕茶巾蓋住備用。

拿一片麵皮，在中央放起司，把麵皮邊緣沾濕，蓋上另一片麵皮，用叉子壓緊密封。其他剩下的麵皮和起司，也以相同步驟完成。

用油炸至兩面呈金黃色。如果是用煎的，需要翻面。淋上橙花蜜，趁熱食用。

那不勒斯瑞可達起司塔

Torta di Pasta Tipo Pastiera

坎帕尼亞大區

這道甜派來自義大利南方，同時是坎帕尼亞大區最知名的甜點，由當地那不勒斯烘培師創作出的高品質餐點。這道甜點與復活節有關，因為使用煮過的小麥富有宗教含意，但我用小型義大利麵取代，成果相當美味。

6 人以上份量

酥皮
中筋麵粉 250 克
豬油 125 克，切小塊
鹽 1 小撮
細砂糖 25 克
中型雞蛋 1 顆，打散
無鹽奶油適量

餡料
乾燥球形麵 250 克
鹽
中型雞蛋 3 顆
細砂糖 125 克
橙花水 3 大匙
肉桂粉 3/4 茶匙
瑞可達起司 350 克，以羊奶為原料較佳
糖煮檸檬皮 75 克，大略切塊
糖煮柳橙皮 75 克，大略切塊
糖粉適量，裝飾用

製作酥皮。把麵粉過篩到工作平台上，加入豬油混合成塊狀，再加入鹽和糖。麵粉中央挖井，倒入蛋液，慢慢把麵粉和蛋混合成光滑麵團，用保鮮膜包住，冷藏 1 小時。

在加少許鹽的滾水裡煮球形麵 9 分鐘（不需要煮到 12 分鐘），倒掉水後放一旁備用。

把餡料用的蛋分成蛋黃和蛋白，把蛋白打至乾性發泡。蛋黃加糖攪打，再加入橙花水、肉桂粉、瑞可達起司、檸檬皮和柳橙皮，全部拌勻，再加入義大利麵拌勻，最後拌入蛋白。

烤箱預熱 180 度（瓦斯烤爐刻度 4）。

準備一個直徑 18 公分、高 7 至 8 公分的派模，抹上奶油。把酥皮桿成 1 公釐厚，平鋪在派模上，可以事先留一點酥皮切成條狀，在派上裝飾成格紋。

把義大利麵和瑞可達起司混合物倒入派模，把邊緣多餘的酥皮切掉，然後用長條酥皮裝飾成格紋。把派放入烤箱烤 45 至 50 分鐘，呈金黃色即可。取出後放涼，然後撒上糖粉，切塊食用。

烤果醬方餅

Ravioloni Dolci con Marmellata

小時候我的母親會在水果盛產期煮很多果醬，而這道甜點就是把果醬用光的好方法。每當放學回家，發現有果醬餅和茶可以當點心，心情總是開心不已。因為一家總共有 6 個人要吃，所以一次會烤很多。義大利麵皮（麵粉和雞蛋）裡額外加入的奶油，能讓麵皮像酥皮一樣方便烘烤。

可做 24 塊

酥皮
義大利零零號麵粉 300 克
鹽 1 小撮
中型雞蛋 3 顆，打散
無鹽奶油 75 克，融化後放涼，另準備額
　外抹烤盤用的

果醬 400 克（看你想用哪種果醬）
糖粉適量，裝飾用

製作酥皮。把麵粉和鹽一起篩到大碗裡，中央挖出井，倒入蛋液和融化奶油，然後把外圍的麵粉往內與液體混合，用手指拌勻成光滑的麵團，再用保鮮膜包起，冷藏 1 小時。

烤箱預熱 180 度（瓦斯烤爐刻度 4）。

用桿麵棍或機器把麵團桿成 3 公釐厚，切成 12 公分寬的酥皮，接著每隔 5 公分放 1 茶匙果醬（最好靠在酥皮的一邊）。在果醬邊抹些水，把酥皮對折蓋住果醬，然後用手把果醬邊緣壓緊，呈大方餃形狀。用鋸齒滾刀切塊，把方餅放在已經抹好奶油的烤盤上。

放入烤箱烤 15 至 20 分鐘，出爐後撒上糖粉，趁熱食用。放涼後也很好吃。

義大利麵列表

　　就算是義大利人，也很難搞清楚為數眾多的義大利麵名稱，因為義大利麵有多達六百多種不同形狀和名字，這還不包括餐廳自己取的名字。而且每一行政區各自的習慣和傳統，讓事情更複雜了，同樣名稱的麵在不同地區可能形狀不同！

義大利麵粒（acini di pepe）：胡椒粒大小的麵，適合煮湯。

小圓餃（agnolini/anolini）：來自巴馬（Parma）／曼切華（Mantua）的餃類，圓形或半圓形，比義大利餛飩（tortellini）小。

牧師帽餃（agnolotti）：雞蛋麵團做的方形餃。

牧師帽餃（agnolotti del plin）：長方形餃子，末端有捏痕。

字母麵（alfabeto/lettere）：字母形狀的麵，適合煮湯。

小指環麵（anelli/anellini/annelletti）：來自西西里島的乾燥細環狀麵，適合煮湯和餡餅。

薩丁尼亞帽餃（angiulottus）：來自薩丁尼亞，和皮埃蒙特大區的牧師帽餃（agnolotti）或義大利餃（ravioli）相似。

小圓餃（anolini/agnolini）：來自巴馬（Parma）／曼切華（Mantua）的餃類，圓形或半圓形，比義大利餛飩（tortellini）小。

窄扁麵（bavette/bavettine/lingue di passero）：細長帶狀麵，麵體扁平，比寬扁麵（tagliatelle）窄。

圓粗麵（bigoli）：長、粗的圓直麵（spaghetti），通常是用蕎麥或全麥製成。

碎片麵（brandelli）：以新鮮麵團隨意切片或撕碎，是我個人發明的麵。brandelli 的意思就是碎片。

吸管麵（bucatini）：粗的空心圓直麵，也稱作 perciatelli。

蠟燭麵（candele）：10 至 15 公分的空心長管，像蠟燭一樣。

波紋大水管麵（cannaroni）：和 rigatoni、zitoni 相似。

義大利麵捲（cannelloni）：用新鮮或乾燥的雞蛋麵團做的圓柱管狀，裡頭包餡烘烤，也可以用可麗餅（crepes）代替。

竹蛤麵（cannolicchi）：短管狀，外圍有螺紋。

天使麵（capelli d'angelo/capellini）：天使的頭髮，非常細長的圓直麵。

帽子麵（cappellacci）：大的半圓形，像是比較大的義大利餛飩。

帽子餃（cappelletti/cappellettini）：較小的 ca-ppellacci，和義大利餛飩類似，帽緣比較寬。

長方餃（câsonséi/casoncelli）：來自倫巴底大區，長方形的鹹味餃。

新月餃（casonziei）：來自威尼托大區，新月形狀的包餡餃。

長貓耳朵麵（cavatielli/cavatoeddo/cavatoddo）：像是兩三倍長的貓耳朵麵（orecchiette），有用手指推出的凹陷。

小船麵（cecatelli）：2 公分長，像是尚未捲起的貓耳朵麵。

蝸牛麵（chiocciole/lumache/lumachelle）：來自坎帕尼亞大區，形狀像蝸牛。

吉他麵（chitara/manfricoli）：雞蛋麵團製成的長直麵，方形較圓形常見，用有金屬絲的木製器具切成。

中粗吉他麵（ciriole）：來自溫布利亞大區，較粗的吉他麵。

貝殼麵（conchiglie/conchiglioni/conchigliette）：大小不同的貝殼形狀麵。

壓花圓麵（corzetti/croxetti）：來自利古里亞大區，用新鮮雞蛋麵團壓成有花紋的硬幣狀，再乾燥。

庫斯庫斯（couscous）：穀粒狀的小麥麵，西西里島最常見。以色列庫斯庫斯體積較大。薩丁尼亞稱作球狀麵（fregola）。

薩丁尼亞餃子（culurgiones/culurzones）：來自薩丁尼亞，通常為半月形或帆船形，有時是有波紋邊的方形或長方形。

手指麵（ditali/ditalini/ditaloni）：不同粗度的短管，適合煮湯。

福袋餃（fagottini）：小袋子狀的包餡餃。

蝴蝶麵（farfalle/farfalline/farfallette/farfalloni）：大小不同的領結或蝴蝶形狀麵。

手帕麵（fazzoletti）：手帕形狀的麵。

彩帶麵（festone）：長波浪彩帶形狀。

緞帶麵（fettucce/fettuccine/fettucelle）：雞蛋麵團做的長條帶狀麵，有各種寬度，通常比寬扁麵還寬，在羅馬非常流行。

中圓直麵（fidelini/fedelini）：介於一般圓直麵（spaghetti）和細圓直麵（vermicelli）之間。

球形麵（fregola）：來自薩丁尼亞，圓珠狀。

螺旋麵（fusilli）：手工或機器製作的螺旋狀麵。

螺旋長麵（fusilli lunghi/bucati）：長條螺旋麵。

溝紋管麵（garganelli）：雞蛋麵團切成小方片，再用手或機器捲成管麵。

袖管麵（gigantoni/maniche）：長 6 公分，直徑 1.5 公分的大直管麵。

義式麵疙瘩（gnocchi）：用雞蛋、水、麵粉，或是煮熟的馬鈴薯和麵粉，做成的小塊狀麵。

羅馬麵疙瘩（gnocchi alla romana）：切成厚圓片狀，與奶油和起司一起烘烤。

薩丁尼亞麵疙瘩（gnocchetti sardi）：橢圓形貝殼狀，一面有溝紋，乾燥及新鮮的都有。又稱為 malloreddus（意為小胖牛）。

野草麵（gramigna）：短麵，一端往內捲。

手肘麵（gomiti）：手肘形狀彎曲短管。

義式餃子（laianelle）：半月形的義大利餃，餡料通常為瑞可達起司，搭配羊肉醬一起食用（來自阿布魯佐大區和莫利塞大區）。

千層麵（lasagne/lagane/laganelle）：切成大寬片的麵，新鮮或乾燥的都有。希臘稱為 laganon，羅馬稱為 laganum。

小千層麵（lasagnette）：比 lasagne 窄，又稱為 riccia、lasagne riccia、mafaldine，兩邊有波紋皺摺。

細扁麵（linguine/linguinette/linguettine）：像圓直麵，但為扁狀的乾燥麵，原文意為小舌頭，特別適合魚類醬汁。

麻花圈（lorighittas）：一種薩丁尼亞手工製的麵，橢圓麻花環狀。

蝸牛麵（lumache/lumachelle）：蝸牛殼形狀。

蝸牛麵（lumaconi/pipe）：大蝸牛殼形狀。

自製通心粉（maccaruni di casa）：自行在家製作的通心粉，源自卡拉布里亞大區。

通心粉（maccheroni/maccheroncelli/maccheroncini）：短管狀乾燥麵，外表光滑或是有溝紋，有時呈彎曲狀。

吉他麵（maccheroni alla chitarra）：同「chitarra」。

鋸齒麵（mafalde）：長方條狀，一邊或雙邊有波浪紋。

小鋸齒麵（mafaldine）：較窄的鋸齒麵。

薩丁尼亞麵疙瘩（malloreddus）：橢圓形貝殼狀，一面有溝紋，乾燥及新鮮都有。原文意為小胖牛。

亂切麵（maltagliati）：用剩下的麵團隨意亂切。也有做成市售乾燥麵。

袖管麵（maniche/gigantoni）：長 6 公分，直徑 1.5 公分的大直管。

大通心粉（manicotti）：大型溝紋管麵，中空處可塞餡料。

青醬寬麵（manilli de sea）：12 公分寬方形薄麵，阿拉伯人稱為「絲巾」。

雜燴麵（munezzaglia）：為了做那不勒斯雜菜湯而將各式義大利麵綜合成一包販售。

貓耳朵麵（orecchiette）：小耳朵或碗的形狀，源自普利亞大區，通常是用杜蘭小麥粉製作，手工或機器製都有。

歐雷奇歐尼（orecchioni rossi/verdi）：紅色或綠色的耳朵形狀，比貓耳朵麵大一點，新鮮及乾燥的都有。

米形麵（orzo/risi）：米形狀的麵，適合煮湯。

水管麵（paccheri）：大型管狀麵。

稻草麵（paglia e fieno）：非常細的扁麵，一半綠色一半黃色。

三角餃（pansôti）：源自利古里亞大區，三角形餃子裡包蔬菜，通常搭配核桃醬。

寬帶麵（pappardelle）：雞蛋麵團製的 2 公分寬帶狀麵，新鮮和乾燥都有，源自托斯卡尼。

帕沙特里麵（passatelli）：和德國麵疙瘩一樣，雞蛋麵團或麵包混合物從專用器具直接擠到湯裡。源自艾米利亞—羅馬涅大區。

筆尖麵（penne/pennette/pennoni）：中等長度管狀麵，兩端切斜角，有各種尺寸。

大吸管麵（perciatelli/perciatellini）：比吸管麵粗。

利古里亞緞帶麵（piccagge）：利古里亞大區的緞帶麵說法。

托斯卡尼圓粗麵（pici/pinci）：手製粗長麵，源自托斯卡尼，和威尼斯圓粗麵類似。

義式蕎麥麵（pizzoccheri）：蕎麥寬扁麵，源自倫巴底大區的瓦爾泰利納山谷。

四方麵（quadrucci）：新鮮及乾燥的都有，通常含蛋，切成小方形加在湯裡。

義大利餃（ravioli/raviolini/ravioloni）：新鮮雞蛋麵團製成的包餡方餃，有各種尺寸。

波紋水管麵（rigatoni）：中等大小乾燥有紋路通心粉。

圓直麵（ristoranti）：那不勒斯的圓直麵。

麵捲（rotolo）：手捲包餡麵。

長捲麵（sagne）：源自普利亞大區，長條帶狀麵捲成麻花。

新鮮方直麵（scialatelli/scialatielli）：新鮮方形長條麵。

薩丁尼亞甜餃（seadas/sebadas）：源自薩丁尼亞的大甜餃。

條紋通心麵（sedani/sedanini）：細短的有紋通心粉，看起來像芹菜莖，外層有紋，內部空心。

水滴麵（semi di melone/semoni）：甜瓜籽大小，適合煮湯。

圓直麵（spaghetti/spaghettini/spaghettoni）：圓形長條麵，新鮮及乾燥的都有，有各種粗度。

吉他麵（spaghetti alla chitarra）：同「chitarra」。

德國麵疙瘩（spätzle）：雞蛋麵團製的小麵塊，直接以器具擠入滾水或湯裡。施瓦本語（德國西南方的方言）原意為「小麻雀」。同帕沙特里麵（passatelli）。

短螺旋麵（spirali）：短螺旋狀的麵。

星星麵（stelle/stelline/stellette/stellettine）：星星形狀的麵，適合煮湯。

麵片（stracci）：隨意撕成手帕狀，和手帕麵類似。

手捲麵（strangolaprete/strangulaprievete/stro-zzaprete）：意為「讓牧師窒息」，有許多種不同形狀，就連牧師都沒耐心搞清楚。可以是非常長的圓直麵捲成盤狀；短麵團在指尖纏繞；可以是直條或麻花狀。材料可以是麵包、馬鈴薯，或做麵包的麵團，有時形狀像麵疙瘩……

拖捲麵（strascinati/strascinari）：加了豬油的小麥麵團，滾成細條狀，再切成通心粉形狀。源自巴西利卡塔大區。

鞋帶麵（stringozzi/strengozzi/strangozzi）：鞋帶形狀的長麵，源自溫布利亞大區。

寬扁麵（tagliatelle/tagliolini/taglierini/tagliate-lline）：長條帶狀麵，通常為 5 公分寬，比緞帶麵窄。

蛋黃細麵（tajerin）：皮埃蒙特大區的寬扁麵。新鮮細帶狀，通常搭配雞肝醬和松露。

吉他麵（tonnarelli）：同「chitarra」，但多了白麵及墨魚麵兩種選擇。

義大利雲吞（tortelli）：中等方形或長方形餃子，可鹹可甜。

義大利餛飩（tortellini/tortelloni）：半月形包餡餃子，有各種尺寸。

螺紋粗管麵（tortiglione）：比波紋水管麵窄，紋路更深，可以扭絞。

熱那亞細扁麵（trenette）：乾燥長扁麵，與細扁麵相似。

寬扁麵（tria）：源自普利亞大區，用於鷹嘴豆湯麵。

寬波浪麵（tripoline）：大長條寬扁麵，邊緣有波浪紋。

特飛麵（trofie）：小條扭絞麵，乾燥或新鮮都有，源自利古里亞大區。

短管麵（tubetti/tubettini）：短管狀麵，有各種尺寸。

細麵（vermicelli/vermicellini/vermicelloni）：乾燥長條圓麵，有各種粗度，是圓直麵最細的一種。那不勒斯人稱為「小蟲」。

吸管麵（ziti/zitoni）：乾燥長管狀麵，有各種尺寸。

致謝

每一位作者，尤其是我這種科技白痴，都需要許多協助才能完成一本書。

首先，謝謝出版商的艾莉森・卡西（Alison Cathie）以及她團隊的珍・歐西亞（Jane O' Shea）、克萊兒・彼得斯（Claire Peters）、賽門・戴維斯（Simon Davis）和其他人的幫助。謝謝蘿拉蘿拉・艾德華斯（Laura Edwards）拍出這麼不同凡響的照片。

為了寫這本書，我必需先準備一串菜色，我常常這樣做，先在心裡煮一遍，然後再實際測試。我的助理安・露易絲・奈勒雷蘭（Anna Louise Naylor-Leyland），督促我遵守期限，而長期與我合作的編輯蘇珊・弗萊明（Susan Fleming）則會為食譜提出許多問題。這本書是第一次全部由我的伴侶莎賓・史蒂芬森（Sabine Stevenson）打字，她的付出與支持無價。

這本書寫到一半的時候，我受邀到澳洲錄製《廚神當道》（Masterchef）節目。賽門・強森（Simon Johnson）和大衛・尼可斯（David Nichols）建議我晚一點回倫敦，到他們在棕櫚海灘的漂亮別墅繼續寫作，我立即答應了。那三天我一個人待在別墅裡，陪伴我的只有他們的獒犬 Sugo（同時是義大利文「醬汁」的意思）。我坐在陽台，看著太平洋，寫完剩下的食譜。

回到倫敦後，繼續如火如荼製作本書，打字、編輯、校對、煮麵、實驗，最後是拍照。你買了這樣一本書，也許不會感謝背後許多付出心力的人，但我非常感謝他們，也謝謝你買了這本書，希望你能享受我所分享對義大利麵的熱愛！

【Gooday】MG0021X

PASTA 義大利麵料理全書：
義大利料理教父傳授生涯五十年廚藝心法
Pasta: The Essential New Collection from the Master of Italian Cookery

作　　　者	安東尼奧‧卡路奇歐（Antonio Carluccio）	
攝　　　影	蘿拉‧艾德華斯（Laura Edwards）	
譯　　　者	陳思因	
封 面 設 計	兒日	
內 頁 排 版	走路花工作室	
總 編 輯	郭寶秀	
責 任 編 輯	力宏勳 / 郭棤嘉	
行 銷 業 務	許純綾	

發 行 人　涂玉雲
出　　版　馬可孛羅文化
　　　　　台北市民生東路二段 141 號 5 樓
　　　　　電話：02—25007696
發　　行　英屬蓋曼群島商家庭傳媒股份有限公司城邦分公司
　　　　　台北市中山區民生東路 141 號 11 樓
　　　　　客服專線：02—25007718；25007719
　　　　　24 小時傳真專線：02—25001990；25001991
　　　　　服務時間：週一至週五上午 09:00—12:00；下午 13:00—17:00
　　　　　劃撥帳號：19863813 戶名：書虫股份有限公司
　　　　　讀者服務信箱：service@readingclub.com.tw
香港發行所　城邦（香港）出版集團有限公司
　　　　　香港灣仔駱克道 193 號東超商業中心 1 樓
　　　　　電話：852—25086231 或 25086217　傳真：852—25789337
　　　　　電子信箱：hkcite@biznetvigator.com
新馬發行所　城邦（新、馬）出版集團
　　　　　Cite（M）Sdn. Bhd.（458372U）
　　　　　41, Jalan Radin Anum, Bandar Baru Sri Petaling,
　　　　　57000 Kuala Lumpur, Malaysia.
　　　　　電話：603—90578822　傳真：603—90576622
　　　　　電子信箱：services@cite.com.my
輸 出 印 刷　中原造像股份有限公司
初 版 一 刷　2017 年 10 月
二 版 一 刷　2022 年 8 月
定　　　價　800 元（紙書）
定　　　價　560 元（電子書）
版權所有 翻印必究（如有缺頁或破損請寄回更換）

國家圖書館出版品預行編目 (CIP) 資料

Pasta 義大利麵料理全書：義大利料理教
父傳授生涯五十年廚藝心法 / 安東尼奧‧
卡路奇歐 (Antonio Carluccio) 著；陳思因
譯 . -- 二版 . -- 臺北市：馬可孛羅文化出
版：家庭傳媒城邦分公司發行 ,2022.08
面；　公分 . -- (Gooday；MG0021X)
譯自：Pasta：The essential new collection
from the master of Italian cookery
ISBN 978-626-7156-12-4(平裝)
1. 麵食食譜 2. 義大利

427.38　　　　　　　　　　111009221